高等职业教育计算机类新形态一体化教材

网络技术与应用

主编　姜云桥　王建东

中国轻工业出版社

图书在版编目（CIP）数据

网络技术与应用 / 姜云桥，王建东主编. — 北京：中国轻工业出版社，2023.10

高等职业教育计算机类新形态一体化教材

ISBN 978-7-5184-4444-1

Ⅰ. ①网… Ⅱ. ①姜… ②王… Ⅲ. ①计算机网络—高等职业教育—教材 Ⅳ. ①TP393

中国国家版本馆CIP数据核字（2023）第092516号

责任编辑：张文佳　　责任终审：简延荣

整体设计：锋尚设计　　责任校对：晋　洁　　责任监印：张　可

出版发行：中国轻工业出版社（北京东长安街6号，邮编：100740）

印　　刷：三河市国英印务有限公司

经　　销：各地新华书店

版　　次：2023年10月第1版第1次印刷

开　　本：787 × 1092　1/16　印张：13.25

字　　数：400千字

书　　号：ISBN 978-7-5184-4444-1　定价：49.80元

邮购电话：010-65241695

发行电话：010-85119835　传真：85113293

网　　址：http://www.chlip.com.cn

Email：club@chlip.com.cn

如发现图书残缺请与我社邮购联系调换

221419J2X101ZBW

前言

本书是为适应新时代背景下对“应用技术型人才培养”的需求，按照“理论够用，重在实践”为原则编写，注重技能实践的运用，培养学生运用所学进行网络工程的设计与实践，从而培养学生的创造能力、开发能力、独立分析和解决问题的能力。教材内容力求叙述简练、概念清晰、通俗易懂、便于自学。本书共6个教学项目，17个工作任务，整体编排以工作任务为核心，每一个任务都包括任务书、知识准备与任务实施三部分，每个教学项目都有项目习题供自测。融入了党的二十大精神，比如增加了“华为在5G移动通信网络中的卓越表现”等内容，激发学生的爱国自豪感，培养“四个自信”。本书是一本体系创新、深浅适度、重在应用、着重能力培养的应用型教材。

本书共包括6个项目：企业网络需求调研分析、企业网络布线、网络IP地址规划与子网划分、组建局域网、网络设备应用与配置以及架设Windows网络服务器，主要讲述计算机网络概述、网络体系结构、TCP/IP和IP地址、局域网技术、网络互联技术、网站的建设和配置等知识技能。为了帮助学生在学习知识的同时提高实际的动手能力，同时也便于教师进行备课和授课，我们按17个工作任务组织编写。

本书既可作为高职高专、成人高校和应用型本科计算机专业、电子信息技术专业、电子商务专业及其他相关专业的“计算机网络基础”“计算机网络技术与应用”等课程的教材；也可作为其他各行各业网络管理人员培训和自学的教材及参考书；还可作为计算机网络工程技术人员、网络管理和应用人员、广大计算机网络技术爱好者及教师的参考用书。

本书由具有丰富教学经验的骨干教师共同策划编写，其中姜云桥编写了项目1、2、6，王建东编写了项目3、4、5。姜云桥负责全书的统稿和定稿。

由于编者水平有限，书中难免存在一些疏漏之处，希望读者能够提出宝贵意见，有任何疑问可以联系作者，邮箱为jyq0362@163.com。

编　者

目录

项目 1

企业网络需求调研分析

01

学习目标

了解计算机网络的历史与发展。
掌握网络的定义、功能与应用。
掌握网络组成、分类、网络拓扑结构与体系结构。
掌握网络客户端的安装与调试。
掌握网络需求调研分析方法。

思政目标

理解网络技术带来的巨大影响，培养树立科技强国信念。
了解我国网络技术的发展与成就，激发学生的爱国自豪感和自信心。
培养学生收集、分析和处理资料的能力，培养实事求是、服务未来的科学态度。

项目情景

企业要投标一个网络项目，为企业设计并安装网络，需要进行网络需求调研分析。企业是一家老企业，目前处于转型期，需要重新布置网络满足新业务的要求，现需要将各类办公室按业务新要求重新规划设计，满足日常办公。请为该企业做网络需求的调研分析并提交分析报告。

项目分析

企业处于转型阶段，原有网络已不能满足要求，新的业务还没定型。通常来讲，需求决定一切，所以在组建新网络或改造原有网络前一定要尽可能详尽地了解客户的情况以及未来3～5年对网络的需求情况，必须详细地列出所有可能的应用，充分考虑企业的需求并为未来的升级做一定的准备，最终撰写提交详尽的需求分析报告。

解决思路

接到项目后，企业派技术人员与客户各个部门负责网络应用的负责人进行交流，充分了解该企业目前网络的使用情况、建设和维护成本以及未来3～5年对网络的需求，进行分析并撰写需求分析报告。

在本项目中，需完成以下任务：

- 任务1.1 设置网络客户端
- 任务1.2 绘制企业网络拓扑
- 任务1.3 企业网络应用需求调研分析

任务1.1
设置网络客户端

任务书

任务	任务 1.1 设置网络客户端	所属项目	项目 1 企业网络需求调研分析
任务描述	项目负责人刘经理安排小张跟着项目组网络工程师徐工学习，并辅助其工作。徐工想了解一下小张对计算机网络系统的熟悉情况，布置任务让小张设置企业计算机的网络客户端参数，调试好计算机实现上网。		
学习产品	设置网络客户端并完成实验报告		
学习要求	一、预习任务 1. 计算机网络的发展阶段。 2. 网络的定义。 3. 网络的功能。 4. 网络的应用。 5. 网络常用的调试命令。 6. 网络客户端参数的设置。 二、掌握网络客户端参数的设置方法与调试命令		

知识准备

1.1.1 计算机网络的发展历史

计算机网络是在计算机通信基础上发展而来的。先有通信网，再有计算机网络。一直以来计算机网络与计算机通信紧密结合，共同发展。

（1）20世纪50年代

面向终端的计算机网络：第一代计算机网络是以单个计算机为中心的远程联机系统，构成面向终端的计算机网络。这类简单的“终端—通信线路—计算机”系统，形成了计算机网络的雏形。终端：一台计算机的外部设备包括阴极射线管（Cathode Ray Tube，CRT）控制器和键盘，无中央处理器（Central Processing Unit，CPU）和内存。随着远程终端的增多，在主机前增加了前端机FEP（Front End Processor）或通信处理机CCP（Communication Control Processor），如图1-1-1 和图1-1-2所示。

典型应用：20世纪60年代初美国航空企业与IBM企业联合研制的飞机票预订系统，由一台主机和全美范围内2000多个终端组成。

缺点：这样的系统除了一台中心计算机外，其余的终端设备都没有自主处理的功能，主机的负荷较重，会导致系统响应时间过长；而且单机系统的可靠性一般较低，一旦主机发生故障，将导致整个网络系统的瘫痪。

第一代计算机网络将彼此独立发展的计算机技术与通信技术结合起来，完成了数据通信技术与计算机通信网络的研究，为计算机网络的产生做好了技术准备，奠定了理论基础。

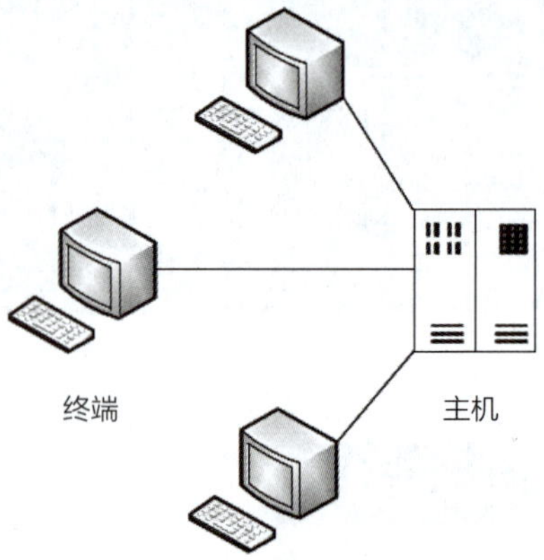

图 1-1-1 计算机与终端相连

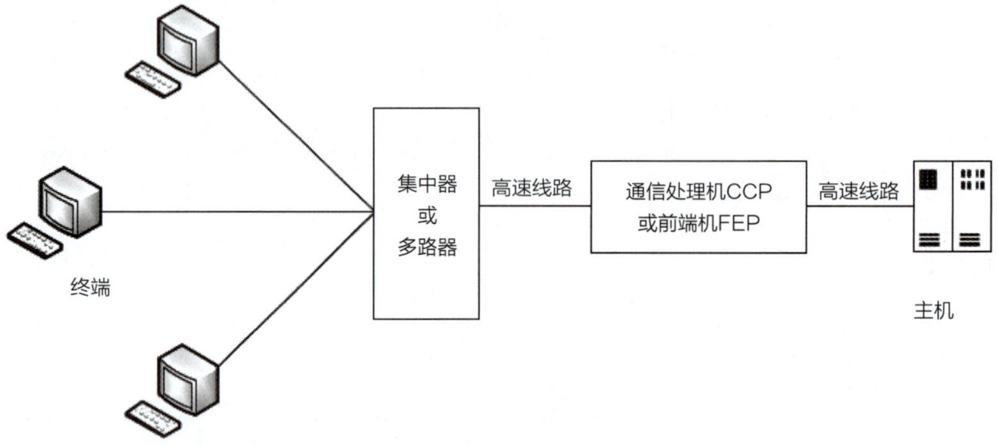

图 1-1-2 计算机与终端相连，主机前加 CCP 或 FEP

（2）20世纪60年代后期

以通信子网为中心的网络：由若干个计算机互联的系统，开创了“计算机—计算机”通信的时代，呈现出多处理中心的特点。

特点：采用分组交换技术，以通信子网为中心，主机和终端构成了用户资源子网。

主机之间不是直接用线路相连，而是接口报文处理机（Interface Message Processor，IMP）转接后互联的。IMP和它们之间互联的通信线路一起负责主机间的通信任务，构成了通信子网。通信子网互联的主机负责运行程序，提供资源共享，组成了资源子网，如图1-1-3所示。

缺点：各个企业推出自己的网络体系结构和相应的软、硬件产品。各自研制的网络没有统一的网络体系结构，难以实现互联。

美国的ARPANet 与分组交换技术为重要标志。20世纪60年代末期，美国国防部高级研究计划署（Advanced Research Projects Agency，ARPA）成功地开发了阿帕网（Advanced Research Project Agency Network，ARPANet），又称ARPA网，它是世界上第一个以资源共享为主要目的的计算机网络。它标志着计算机网络的兴起。这个计算机互联

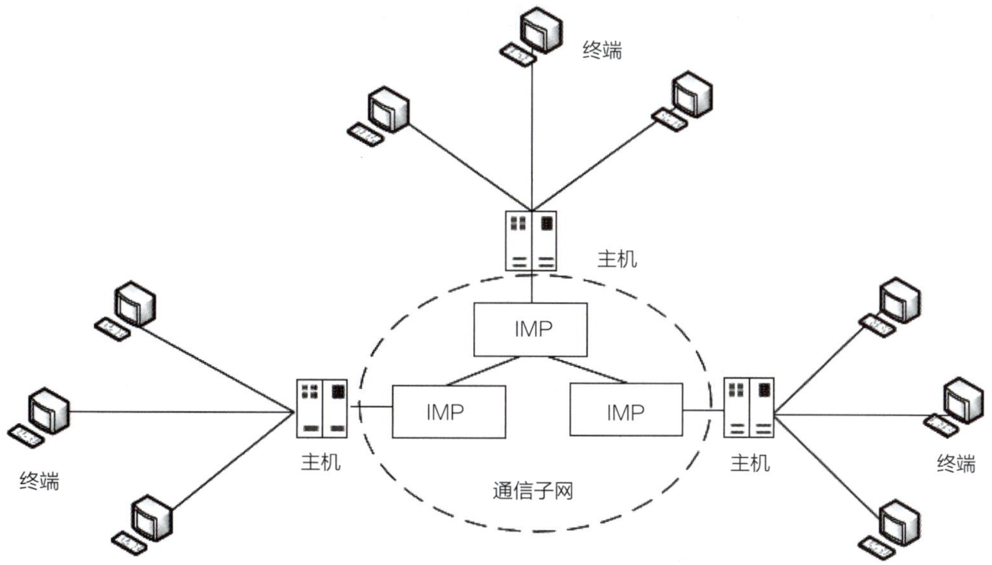

图 1-1-3　以通信子网为中心的网络

的网络系统是一种分组交换网，分组交换技术使计算机网络在概念、结构和网络设计方面都发生了根本性的变化，为后来的计算机网络Internet的形成奠定了基础。

（3）20世纪80年代

开放式标准化网络：指具有统一的网络体系结构并遵循国际标准的开放式和标准化的网络。开创了一个具有统一的网络体系结构、遵循国际标准化协议的计算机网络新时代，加速了计算机网络的发展。

国际标准化组织（International Organization for Standardization，ISO）正式颁布了一个称为“开放系统互联基本参考模型”（Open System Interconnection Basic Reference Model）的国际标准ISO 7498，简称OSI（Open System Interconnect）参考模型或OSI/RM。OSI/RM由七层组成，所以也称OSI七层模型。国际标准化组织在推动开放系统参考模型与网络协议的研究方面做了大量的工作，对网络理论体系的形成与网络技术的发展产生了重要的作用，OSI参考模型的出现，标志着网络发展到第三代，即开放式标准化网络。

OSI参考模型出现后，计算机网络走上标准化道路。任何计算机设备或通信设备，只要满足标准，就可以融入这个网络体系。目前主要有两种计算机网络体系结构参考模型：OSI参考模型与TCP/IP体系结构。

（4）20世纪90年代开始

Internet作为世界性的信息网络，对经济、文化、科学研究、教育与人类社会生活发挥着越来越重要的作用。随着信息高速公路ATM技术、ISDN、千兆以太网、光纤及高速网络技术、大规模集成电路技术、计算机技术的发展，为网络的发展提供了强有力的支持。

特点：互联、高速、智能与更为广泛的应用。

整个网络就像一个对用户透明的大的计算机系统。以Internet为代表的互联网，可以实现全球范围内的多种业务，如语音、数据、图像等综合到一个网络中进行传输，多媒体应用在计算机网络中所占的份额越来越高。计算机网络已经进入了高速、智能的发展阶段，Internet已经成为人们最重要的、最大的知识宝库。

（5）未来网络发展趋势

未来网络的发展有以下几个方向。

①人工智能是互联网发展的一个重要方向。通过机器学习、语音识别、自然语言处理等技术手段，实现计算机的智能化，可以大幅提高生产力和效率。同时，在医疗、金融、安全等领域，人工智能也有着广泛的应用前景。

②物联网是指通过多种设备和传感器，对物体进行联网连接，实现物品之间的互相通信和数据共享。未来，物联网将成为智能家居、智慧城市、智能工厂等领域的核心技术，为人们带来更加便捷、快速、高效的生活体验。

③区块链技术通过去中心化、分布式账本等特点，具有防篡改、快速验证等优势。未来区块链技术将在金融、电子商务等领域广泛应用，成为互联网发展的重要趋势之一。

④5G技术是目前最先进的移动通信技术，相比4G技术，具有更快的速度、更高的带宽和更低的延迟。未来，5G将会改变人们的生活方式和经济模式，推动智能家居、自动驾驶、工业自动化等领域的发展。

⑤虚拟现实技术将人们从传统的2D界面中解放出来，让人们可以更加身临其境地感受虚拟世界。

1.1.2 网络定义

网络定义

网络（Network）是一个复杂的人或物的互联系统。人们生活的周围无时无刻存在着各种网，如电话网、交通网等。

计算机网络： 将地理位置不同、具有独立功能的计算机或由计算机控制的外部设备，通过通信设备和通信线路连接起来，在网络操作系统的控制下，按照约定的通信协议进行信息交换，实现资源共享的系统称为计算机网络。

计算机网络主要由网络硬件系统、网络软件系统和网络数据组成，其中网络硬件系统主要包括：网络服务器、网络工作站、网络适配器、传输介质等；网络软件系统主要包括：网络操作系统软件（如Windows Server、Linux操作系统等）、网络通信协议（如TCP/IP协议）、网络工具软件、网络应用软件等。

计算机网络的主要功能包括数据通信、资源共享和分布式处理等，其中数据通信是计算机网络最基本的功能，即实现不同地理位置的计算机与终端、计算机与计算机之间的数据传输；资源共享是建立计算机网络的目的，包括网络中硬件、软件和数据资源的共享，是计算机网络最主要和最有吸引力的功能，后面1.1.3会详细介绍。

对于计算机网络可以从以下几个方面进行理解。

①联网的目的之一是打破地理位置的束缚。所谓地理位置不同就是说两台计算机可以相距很近，也可以相距很远，小至一米之内，大至数千千米。网络中的计算机至少两台，大型网

络可容纳几千台甚至几万台。目前世界上最大的网络就是国际互联网。网络中的计算机具有"自主"功能，即一台计算机的启动、运行和停止不受其他计算机的控制，通常将具有"自主"功能的计算机称为"主机"（Host），在计算机网络中也称为"节点"（Node）。

②把计算机连接起来需要介质和设备。介质可以是有线的（如：双绞线，同轴电缆，光纤等），也可以是无线的（如：微波，卫星，激光等）。设备的种类众多，例如交换机、路由器、网卡、调制解调器等。

③网络中计算机进行通信除了硬件设备以外，还必须有软件的支持。没有软件支持，计算机间是无法完成通信的。计算机网络软件中最常见的就是TCP/IP协议，上网的计算机必须有一个IP地址，其中网络通信协议是一系列规则和约定的规范性描述，它定义了设备间通信的标准。在计算机网络中，各节点（设备）之间互相通信或交换信息，需要有某些约定和规则，这些约定和规则的集合就是协议。

④联网是要实现资源共享和数据通信两个主要目的。资源包括硬件资源和软件资源等，常见的硬件资源如打印机共享，软件资源如共享远程数据库、远地进程管理服务等。

要注意带有多个终端的多用户系统不是计算机网络，因终端不能独立完成工作，受主机的控制。邮电部门的电报、电话系统也不是计算机网络，它们是通信系统。

最简单的计算机网络是两台安装网络操作系统的计算机通过通信线路直接相连，以共享文件、光驱、软驱和打印机等，如图1-1-4所示。

图 1-1-4　最简单的计算机网络

1.1.3　计算机网络的功能

计算机网络的功能

计算机网络以共享为主要目标，它主要具有以下五方面的功能。

1.1.3.1　数据通信（基本功能）

数据通信即数据传送，它是计算机网络的基本功能之一。从通信角度看，计算机网络其实是一种计算机通信系统。作为计算机通信系统，能实现分布在不同地理位置的计算机用户相互通信。即计算机与计算机之间，或计算机与终端之间可以快速、可靠地相互传递各种信息。如传输文件：网络能快速、不需要交换软盘或U盘就可以在计算机与计算机之间进行文件传输。

1.1.3.2　资源共享（基本功能）

资源共享指的是网上用户能够部分或全部地使用计算机网络资源，使计算机网络中的资源互通有无、分工协作，从而大大地提高各种硬件、软件和数据资源的利用率。

（1）硬件资源

共享硬件资源就是让连接在网络上的用户可以共享使用网络上各种不同类型的硬件设备，如复杂运算的巨型计算机，海量存储器，高速激光打印机，大型绘图仪和一些特殊的外设等。既解决了部分资源贫乏的问题，也有效地利用了现有资源，提高了资源利用率。

（2）软件资源

共享软件功能允许多个用户同时调用服务器的各种软件资源，并且保持数据的完整性和统一性，如网络操作系统、应用软件、工具软件、数据库管理软件等。

（3）数据资源

每个接入互联网的用户都可以在任何时间以任何形式去搜索、访问、浏览及获取这些数据资源。

1.1.3.3 提高计算机系统的可靠性

计算机系统可靠性主要是指在计算机网络中每台计算机都可以相互为后备机，每种资源（特别是程序和数据）可以存放在多个地点，一旦某台计算机出现故障，其他的计算机可以马上承担起原先由该故障机所担负的任务，避免了单点失效对用户产生的影响，使得计算机的可靠性得到了大大的提高。

1.1.3.4 均衡负荷与分布式处理

均衡负荷：当网络中某台计算机的任务负荷太重时，通过网络和应用程序的控制和管理，将作业分散到网络中的其他计算机中，由多台计算机共同完成。

分布式处理：把要处理的任务分散到各个计算机上运行，而不是集中在一台大型计算机上。这样，不仅可以降低软件设计的复杂性，还可以大大提高工作效率和降低成本。

利用网络技术，能将多台计算机连成具有高性能的计算机系统，以并行的方式共同来处理一个复杂的问题，这就是当今称之为分布式计算的一种网络计算模式。

1.1.3.5 集中处理

通过计算机网络，可以将某个组织的信息进行分散、分级、集中处理与管理。一些大型的计算机网络信息系统正是利用了此项功能，如银行系统、订票系统等。

1.1.4 网络应用

从1969年年底，阿帕网（ARPANet）正式上线运行，仅仅经历了短短的50多年的发展，计算机网络已深入社会生活的各个方面，可以说现在没有哪个领域不用计算机网络。下面尝试从几个身边典型的应用开始了解计算机网络。

（1）日常生活中网络的应用

早期的数据网络局限于在相连的计算机系统之间交换基于字符的信息，如今日常生活中人们已经习惯了Internet提供的资源和网络的便捷：如通过网络进行交流，传送语音、视频、文本和图片等；通过网络进行相关资料的查找与订购支付，查看当前天气状况来决定穿着、查找通往目的地的最畅通路线，在线查看股票信息、新闻、银行账户余额和转账和支付、订餐买外卖，在线打车、订车票飞机票、购买各类商品以及服务；通过网络发布各种信息如个人的照片、家庭视频和各种经历和体验，与朋友或世界各地的人们分享。网络深深地融入人们的生活，并给人们的生活带来了极大的便利。

（2）学习中网络的应用

传统的学习方法主要通过课本和教师为学生提供专业知识，但这两种知识来源的表现形式和时间安排都非常有限。而通过网络可以不受时间与空间的限制，如在线课程可以包含语音、数据和视频等，可供学生随时随地使用，学生也可以学习世界各国的在线课程；而且学生可通过链接访问各类参考资料以及主题专家，从而强化自身的学习体验。目前，线上线下混合教学已成为教学改革的趋势之一。

（3）工作中网络的应用

最初，数据网络的用途是在企业内部记录和管理财务信息、客户信息和员工薪酬系统。后来，这些企业网络逐渐演变为可传输多种不同类型的信息服务（包括电子邮件、视频、消息以及电话）。随着网络应用的飞速发展，网络协同办公已逐渐成为一种趋势，尤其是自2020年以来，已经有相当数量的企业部分或全部采用居家网络协同办公。通过高速网络协同，一些跨国企业或组织，已经能够实现在亚洲下单，发到欧洲的分企业设计完成图纸后，传到北美洲的工厂就可以按设计图开始生产。

（4）娱乐中网络的应用

娱乐和旅游业广泛使用Internet，使人们进一步摆脱了地域限制，能够享受多种形式的娱乐消遣。人们可以在线收听歌曲或欣赏电影、在线阅读书籍以及下载资料；网络促进了各种新娱乐形式（如在线游戏）的出现，环境更真实，体验更刺激。尤其是虚拟技术的广泛应用，网络正在改善着人们的用户体验。

2010年以来，全球互联网行业进入高速发展期。根据世界银行及IWS公布的数据显示，2009—2021年，全球互联网用户数量持续高速增长，2020年全球互联网用户总数为46.48亿人，截至2021年3月31日，全球互联网用户数量达到51.69亿人。

注：2019年及之前数据来源于世界银行，2020年、2021年数据来源于IWS；2021年数据统计时间节点截至2021年3月31日。

1.1.5 常用网络命令

计算机连入网络进行调试的时候，经常会用到一些网络操作命令。下面我们以Windows主机为例，学习这些网络命令，为下一步设置网络参数做准备。

（1）ipconfig命令

ipconfig命令在Windows主机中主要用来查看本机的网卡配置信息。

Windows系统下，按下Win+R键，打开运行程序窗口，在打开对话框中输入cmd，打开Windows的cmd窗口。在命令提示符后输入ipconfig，可以看到本机的IP地址和默认网关，如图1-1-5、图1-1-6所示。

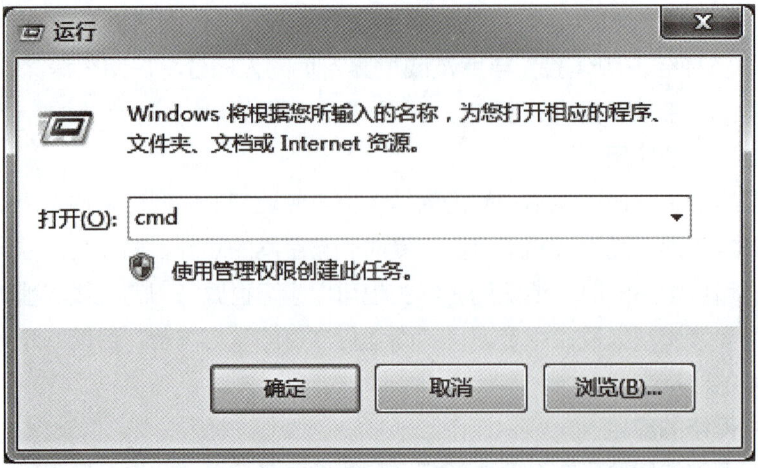

图 1-1-5　运行程序窗口

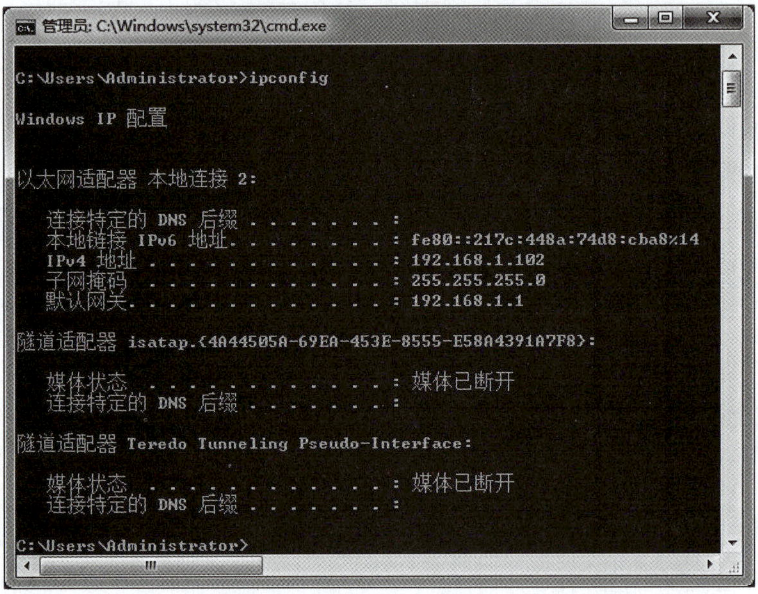

图 1-1-6　ipconfig 命令

图1-1-6中可以看到本机的IPv4和IPv6地址。

如果要查看本机网卡的MAC地址而本机没有安装IPv6协议，直接用ipconfig命令是看不到的，这时可以在这个命令后面带上参数“all”来查看，效果如图1-1-7所示。和其他命令不一样的是，这个命令带的参数是用“/”反斜杠来分隔的。命令和参数之间最好有一个空格，这样可以通知操作系统在执行命令时用于区分命令和参数。

（2）ping命令

ping（Packet InterNet Groper，数据包因特网探测）命令是网络排错中用得最多的一个命令，主要用来探测目的主机是否可达。当本机ping远方主机时，本机会发送ICMP回声请求数据包到目的主机，如图1-1-8所示，在命令提示符后输入ping，然后跟上目的主机的IP

地址，就可以收到目的主机的回应（ping通时）。

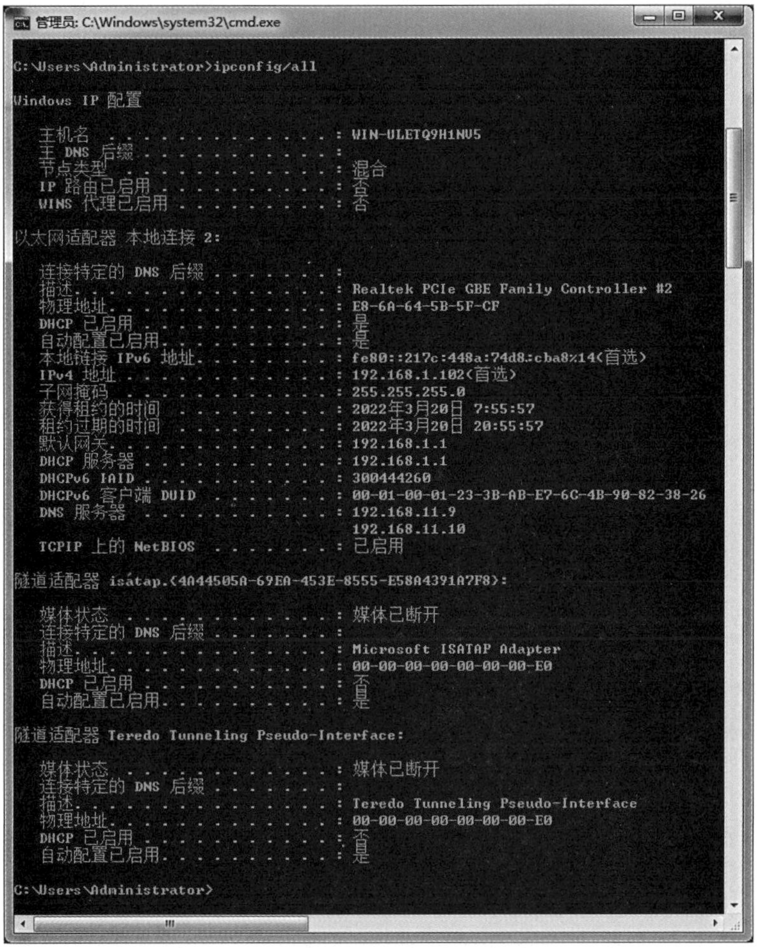

图 1-1-7　ipconfig/all 命令

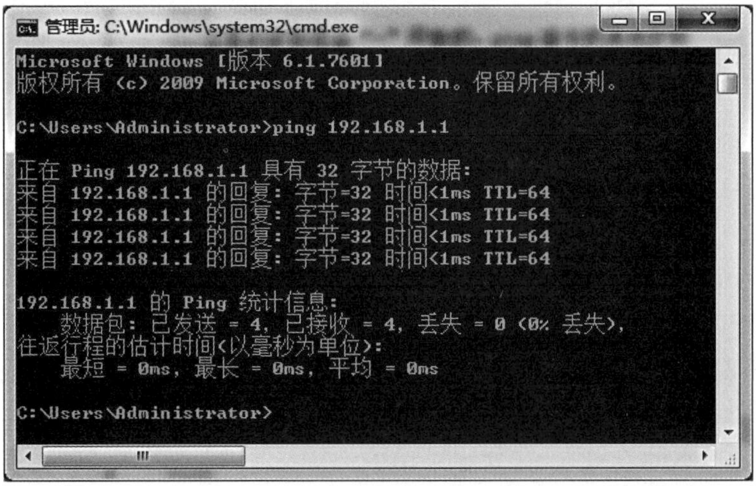

图 1-1-8　ping 命令

从图1-1-8中，我们可以看到，默认情况下，本地Windows向目标主机发送了4个请求数据包，也收到了4个应答数据包，时间小于1ms，TTL值是数据包生存期值，虽然TTL从字面上翻译，是可以存活的时间，但实际上TTL是IP数据包在计算机网络中可以转发的最大跳数。TTL的最大值是255，TTL的一个推荐值是64。TTL的主要作用是避免IP数据包在网络中的无限循环和收发，节省了网络资源，并能使IP数据包的发送者收到告警消息。

TTL字段由IP数据包的发送者设置，在IP数据包从源IP到目的IP的整个转发路径上，每经过一个路由器，路由器都会修改这个TTL字段值，具体的做法是把该TTL的值减1，然后再将IP数据包转发出去。如果在IP数据包到达目的IP之前，TTL减少为0，路由器将会丢弃收到的TTL=0的IP数据包，并向IP数据包的发送者发送ICMP time exceeded消息。

当我们想在Windows下不断ping目的主机时，可以带上参数。注意命令和参数之间要有空格：ping -t 目的主机IP地址。这里的参数是由“-”开始的。ping命令的其他参数可以直接输入ping来查看。

ping命令还可以用来测试TCP/IP协议簇应用层的DNS协议是否工作正常。DNS协议主要用来将域名解析为IP地址。当本地主机ping www.sohu.com这个名字时，如果能够得到正常回应，表示本机和DNS服务器之间的交互正常，本机能够通过域名来上网，如果ping不通域名但是可以ping通搜狐的公网IP地址，则一般表示DNS服务器出问题了。

任务实施

任务1.1 网络客户端TCP/IP属性设置

任务描述

普通网络用户最为简便的联网方式是通过动态主机配置协议（Dynamic Host Configuration Protocol，DHCP），在本机设置TCP/IPv4属性为自动获取。除此之外，将计算机连入网络需要手动设置TCP/IPv4协议属性。请在有物理网络连接的计算机机房，设置计算机的TCP/IPv4属性，实现计算机之间的相互连接和访问。

任务准备

根据学生实践环境，预先准备好计算机（装有Windows7/10操作系统、装有网卡已联网），并准备好分配的IP地址、子网掩码、默认网关、DNS等参数。

任务指导

这里以Windows10系统为例说明TCP/IPv4参数的设置。

1 TCP/IP 属性设置

①打开“控制面板”，双击“网络和Internet”—“网络和共享中心”—“更改适配器设置”进入网络连接窗口（图1-1-9）。

②右键单击“本地连接”，在弹出菜单中选择“属性”，进入“本地连接属性”窗口（图1-1-10）。

③选择“Internet协议（TCP/IP）”，单击“属性”，进入“Internet协议（TCP/IP）属性”窗口。单击“使用下面的IP地址”选项，配置本机的IP地址和子网掩码、默认网关和DNS服务器。配置完后，单击“确定”按钮（图1-1-11）。

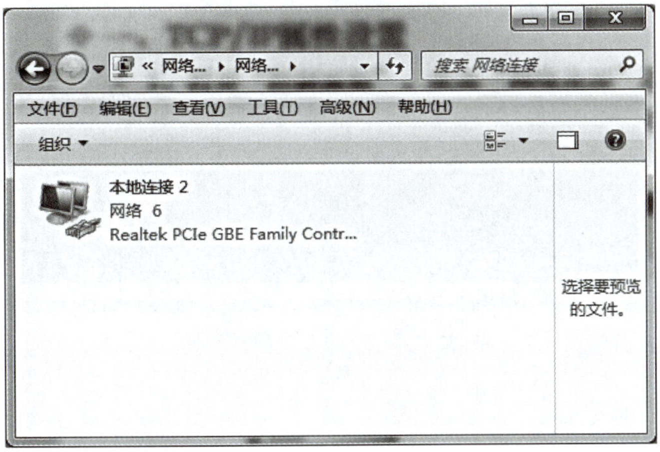

图 1-1-9　网络连接窗口

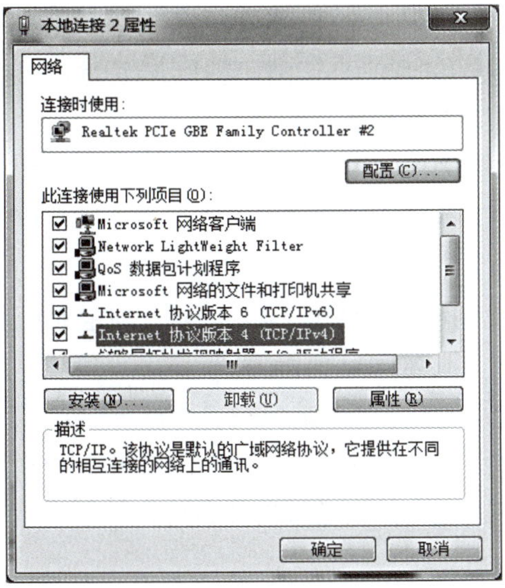

图 1-1-10　“本地连接属性”窗口

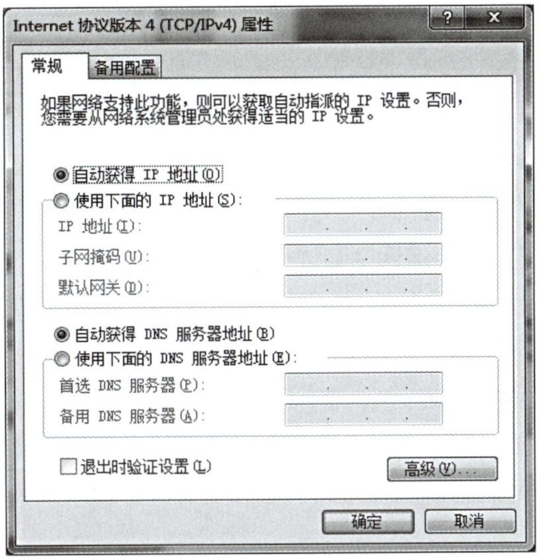

图 1-1-11　IPv4 属性页

2 查看和验证 TCP/IP 属性设置值——ipconfig

①单击“开始”－“运行”（或同时按下Win+R键），敲入“cmd”然后回车，打开“CMD”命令窗口。

②键入ipconfig命令（图1-1-12）。

ipconfig命令有两种功能：一种是显示网络属性值；另一种是操作DHCP和DNS。不同的功能由不同的选项决定，主要选项如下。

- 不使用任何选项。

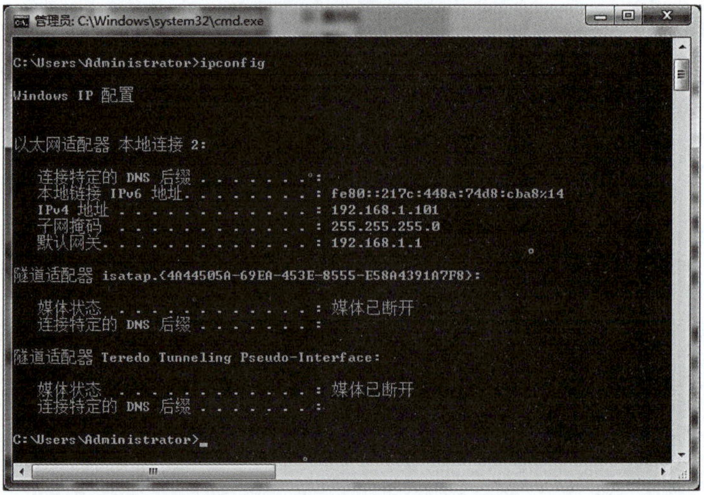

图 1-1-12 ipconfig 命令效果

- /all选项。
- /renew选项：更新所有适配器（如果未指定适配器），或特定适配器（如果包含了adapter参数）的DHCP配置。
- /release选项：发送DHCP RELEASE消息到DHCP服务器，以释放所有适配器（如果未指定适配器）或特定适配器（如果包含了adapter参数）的当前DHCP配置并丢弃IP地址配置。
- /flushdns选项：清理并重设DNS客户解析器缓存的内容。
- /displaydns选项：显示DNS客户解析器缓存的内容，包括从本地主机文件预装载的记录以及由计算机解析的名称查询而最近获得的任何资源记录。

3 网络连通性测试——ping

ping命令用来测试本计算机到另一台计算机的连通性，它使用了ICMP协议规定的回送请求与回送响应消息（图1-1-8）。

任务总结

要求撰写实训总结时，把完成任务过程中遇到的问题与解决方法、未解决或需要进一步探讨的问题，以及任务实践过程中的收获和经验教训的内容写入实验报告并提交。

任务1.2 绘制企业网络拓扑

任务书

任务	任务 1.2 绘制企业网络拓扑	所属项目	项目 1 企业网络需求调研分析
任务描述	项目负责人刘经理安排小张跟着项目组网络工程师徐工学习，并辅助其工作。徐工想了解一下小张对计算机网络系统的熟悉情况，布置任务让小张绘制出某企业的网络拓扑图，考察其对网络结构的了解及工具软件的使用情况。		
学习产品	某企业网络拓扑图		
学习要求	一、预习任务 1. 网络常用的分类（至少五种）。 2. 网络按照物理范围的分类。 3. 经典的拓扑结构。 4. Visio 软件的安装与使用。 二、安装调试好 Visio 软件 三、学习使用 Visio 软件绘图技能 四、初步掌握简单网络拓扑图绘制		

知识准备

1.2.1 网络的分类

计算机网络的应用非常广泛，目前世界上有着各种各样的网络，对网络分类的方法也有很多，几种常见的分类方法如表1-2-1所示。

网络的分类

表1-2-1 计算机网络的分类

分类标准	网络名称
物理范围	局域网、城域网、广域网
传输介质	有线网络、无线网络
工作模式	基于客户机 / 服务器的主从网、对等网

续表

分类标准	网络名称
网络操作系统	Windows 网络、Netware 网络、Unix 网络、Linux 网络
网络协议	NetBEUI 网络、IPX/SPX 网络、TCP/IP 网络等
拓扑结构	总线型网络、星型网络、环型网络等
体系结构	以太网、令牌环网、AppleTalk 网络等

1.2.1.1 根据覆盖范围分类

（1）局域网（Local Area Network，LAN）

局域网（LAN）也称局部网，是指范围在10～10000m内的办公楼群或校园内的计算机相互连接所构成的计算机网络。它是在一个有限的地理范围（十几千米以内）内将计算机、外部设备和网络互联设备连接在一起的网络系统，通常用于一座大楼、一所学校或一家企业内，属于某个组织完全拥有。

局域网具有以下特征。

①局域网仅工作在有限的地理范围内，一般采用单一的传输介质。

②数据传输速度快，传统的LAN速度为10～100Mb/s。新的LAN传输速度更快，可达到1000Mb/s，甚至更快。

③由于数据传输距离短，传输时延低且误码率低。

④局域网组网方便、实用、灵活，是目前计算机网络中较活跃的分支。

适用场景：广泛应用于连接校园、工厂以及机关的个人计算机或工作站，以利于个人计算机或工作站之间共享资源（如打印机）和数据通信。

（2）城域网（Metropolitan Area Network，MAN）

城域网（MAN）有时又称为城市网、区域网、都市网，是在一个城市或地区范围内连接起来的网络系统。MAN与LAN相比扩展的距离更长，连接的计算机数量更多，在地理范围上可以说是LAN的延伸。这种网络的连接距离可以在10～100千米，传输速率在1 Mbps以上。

特点：一般一个城域网可以将多个学校、企事业单位和医院等的局域网连接起来共享资源。

适用场景：高速上网、视频点播、网络电视、远程医疗、远程会议、远程教育、远程监控、宽带业务等。

（3）广域网（Wide Area Network，WAN）

广域网（WAN）也称为远程网，所覆盖的范围比城域网（MAN）更广，它一般是在不同城市之间的LAN或者MAN网络互联，地理范围可从几百千米到几千千米。因为距离较远，信息衰减比较严重，所以这种网络一般要借用（或租用）电信部门的线路，如长途电话线、光缆通道、微波、卫星通道等，传输速率较低。

世界上最大的广域网是国际互联网，又称互联网（Internet）。我们常说的“Web”“WWW”和“万维网”等多种叫法也多是指它。它以开放的连接方式将各个国家、各个地区、各个机构，分布在世界各地每个角落的各种局域网、城域网和广域网连接起来，组成全球最大的计算机通信网络。它遵循TCP/IP协议以实现资源共享和数据通信。当你连入互联网的时候，你的计算机可以算是互联网的一部分，但一旦当你断开互联网的连接时，你的计算机就不属于互联网了。它的优点非常明显，就是信息量大、传播广，无论你身处何地，只要连上互联网你就可以对任何联网用户发出你的信函和广告等。

1.2.1.2 根据传输介质分类

根据传输介质的不同，可以将计算机网络分为有线网络和无线网络。

（1）有线网络

有线网是采用同轴电缆、双绞线、光纤等物理介质进行数据传输的网络。双绞线是目前最常见的传输介质，这是因为双绞线价格便宜且安装方便，容易组网，但其传输能力和抗干扰能力一般。光纤网用光纤作为传输介质，光纤有传输距离长、传输率高等优点，随着技术的进步，相关设备、器件价格的逐步降低，其应用范围越来越广。

（2）无线网络

无线网是采用卫星、微波等无线形式来传输数据的网络。

优点：易于安装、拓展和使用。

缺点：相对于有线网络，数据传输率一般比较低、误码率也比较高，节点之间相互干扰比较大。

1.2.2 网络拓扑结构

网络拓扑结构

网络的拓扑结构是指网络中计算机或设备与传输媒介形成的节点与线的物理构成模式。拓扑结构隐去了网络的具体物理特性（如距离、位置等）而抽象出节点之间的关系加以研究。每一种网络结构都由节点、链路和通路等几部分组成。

节点：又称为网络单元，它是网络系统中的各种数据处理设备、数据通信控制设备和数据终端设备。常见的节点有服务器、工作站、集线路和交换机等设备。

链路：两个节点间的连线，可分为物理链路和逻辑链路两种，前者指实际存在的通信线路，后者指在逻辑上起作用的网络通路。

通路：是指从发出信息的节点到接收信息的节点之间的一串节点和链路，即一系列穿越通信网络而建立起的节点到节点的链路。

在选择网络拓扑结构时，应该考虑的主要因素有以下几点。

①可靠性。尽可能提高可靠性，以保证所有数据流能准确接收；还要考虑系统的可维护性，使故障检测和故障隔离较为方便。

②费用。建网时需考虑适合特定应用的信道费用和安装费用。

③灵活性。需要考虑系统在今后扩展或改动时，能容易地重新配置网络拓扑结构，能方便地处理原有站点的删除和新站点的加入。

④响应时间和吞吐量。要为用户提供尽可能短的响应时间和最大的吞吐量。

目前在局域网中主要的拓扑结构有总线型拓扑、星型拓扑、环型拓扑、树型拓扑、网状型拓扑和混合型拓扑等。选择网络的安装类型时必须慎重考虑。拓扑结构的特性将决定网络的运行，并影响到网络的安装和故障诊断。

（1）总线型

总线拓扑结构采用一个信道作为传输媒体，所有站点都通过相应的硬件接口直接连到这一公共传输媒体上，该公共传输媒体即称为总线。任何一个站点发送的信号都沿着传输媒体传播，而且能被所有其他站所接收。作为总线的通信线路可以是同轴电缆、光纤、无线等。

工作原理：在总线型拓扑结构中，所有节点共享总线的全部容量。网络上的每个节点都被动地侦听接收到的数据。当一个节点向另一个节点发送数据时，它先向整个网络广播一条消息，通知所有的节点它将发送数据，发送数据时目标节点接收发送给它的数据，其他节点忽略这条消息。

总线拓扑结构的优点如下。

①总线结构所需要的电缆数量少，线缆长度短，易于布线和维护。

②总线结构简单，又是无源工作，有较高的可靠性。传输速率高，可达1～100Mbps。

③易于扩充，增加或减少用户比较方便，结构简单，组网容易，网络扩展方便。

④多个节点共用一条传输信道，信道利用率高。

总线拓扑结构的缺点如下。

①总线的传输距离有限，通信范围受到限制。

②故障诊断和隔离较困难。

③分布式协议不能保证信息的及时传送，不具有实时功能。站点必须是智能的，要有媒体访问控制功能，从而增加了站点的硬件和软件开销。

适用场景：适合于信息管理系统、办公自动化系统和广播教学等。

总线拓扑模型可用图1-2-1来表示。

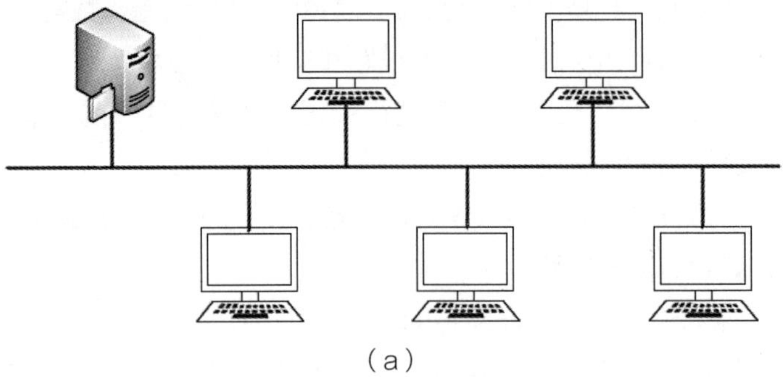

（a）

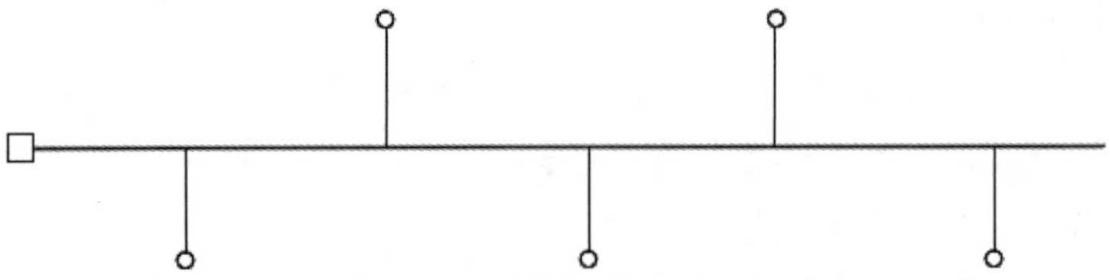

（b）

图 1-2-1 总线拓扑

（2）星型

星型结构是一种以中央节点为中心，把若干个外围节点连接起来的辐射式互联结构，中央节点对各设备间的通信和信息交换进行集中控制和管理。星型网络采用的交换方式有电路交换和报文交换，尤以电路交换更为普遍。这种结构一旦建立了通道连接，就可以低延迟地在连通的两个站点之间传送数据。

工作原理：在星型拓扑结构中，每个节点都通过一条点对点链路与中心相连，任意两个节点之间都必须通过中心节点，并且只能通过中心节点进行通信。公共中心节点通过存储—转发技术实现两个节点之间的数据帧的传送，其设备可以是集线器，也可以是交换机。

星型拓扑结构的优点如下。

①结构简单，连接方便，管理和维护都相对容易，而且扩展性强。

②网络延迟时间较小，传输误码率低。

③在同一网段内支持多种传输介质，除非中央节点故障，否则网络不会轻易瘫痪。

④每个节点直接连到中央节点，故障容易检测和隔离，可以很方便地排除有故障的节点。

因此，星型网络拓扑结构是应用最广泛的一种网络拓扑结构。

星型拓扑结构的缺点如下。

①安装和维护的费用较高。

②共享资源的能力较差。

③一条通信线路只被该线路上的中央节点和边缘节点使用，通信线路利用率不高。

④对中央节点要求相当高，负担较重，一旦中央节点出现故障，则整个网络将瘫痪。

星型拓扑模型可用图1-2-2表示。

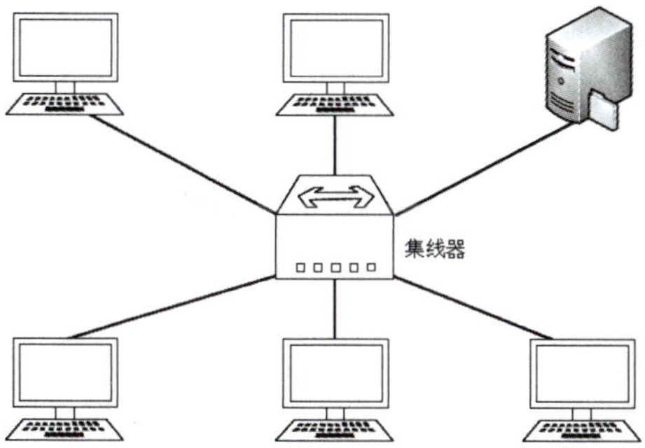

（a）

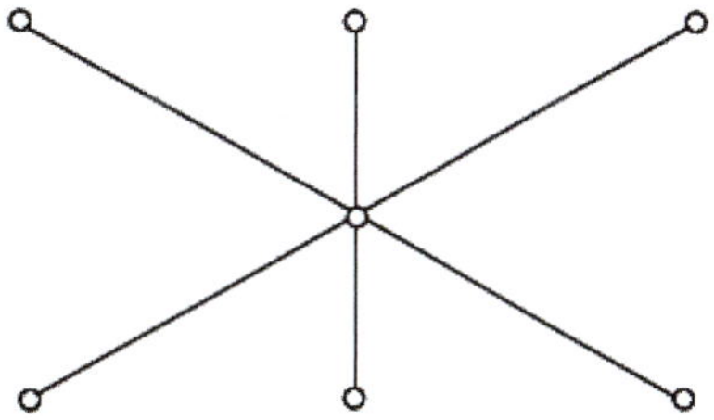
（b）

图1-2-2　星型拓扑

（3）环型

环型拓扑结构是由各节点通过一条首尾相连的通信线路连接起来形成的一个闭合环型线路。

工作原理：环型网络中的数据传送是单向的，即沿一个方向从一个节点传到另一个节点；每个节点都需安装中继器，以接收、放大信号。

环型拓扑结构的优点如下。

①电缆长度短。环型拓扑网络所需的电缆长度和总线拓扑网络相似，但比星形拓扑网络要短得多。

②结构简单，建网容易，便于管理，增加或减少工作站时，仅需简单的连接操作。

③可使用光纤。光纤的传输速率很高，十分适合于环型拓扑的单方向传输。

环型拓扑结构的缺点如下。

①节点的故障会引起全网故障。这是因为环上的数据传输要通过接在环上的每一个节点，一旦环中某一节点发生故障就会引起全网的故障。

②故障检测困难。这与总线拓扑相似，因为不是集中控制，故障检测需在网上各个节点进行，因此不是很容易。

③环型拓扑结构的媒体访问控制协议都采用令牌传递的方式，在负载很轻时，信道利用率相对较低。

④当节点过多时，将影响数据传输效率，非常不利于扩展。

目前这种拓扑结构已经很少见，其模型可用图1-2-3表示。

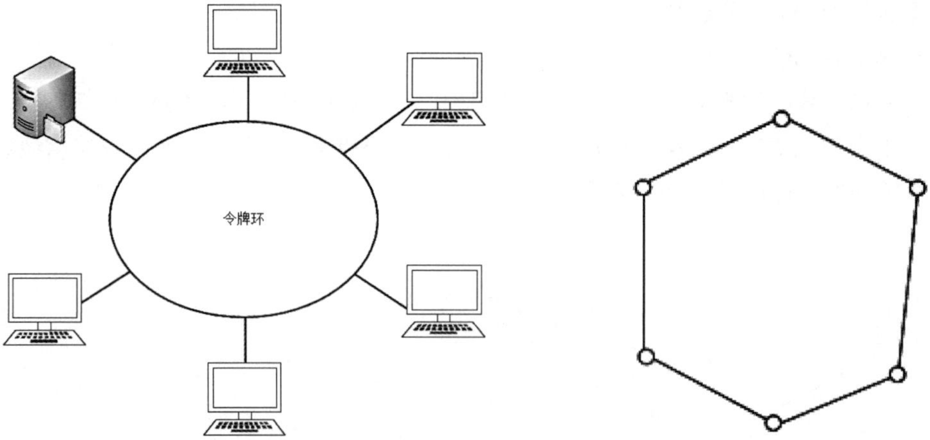

（a）　（b）

图 1-2-3　环型拓扑

（4）树型

树型拓扑可以认为是多级星型结构组成的，只不过这种多级星型结构自上而下呈三角形分布，就像一棵树一样，最顶端的枝叶少些，中间的多些，而最下面的枝叶最多。树的最下端相当于网络中的边缘层，树的中间部分相当于网络中的汇聚层，而树的顶端则相当于网络中的核心层。它采用分级的集中控制方式，其传输介质可有多条分支，但不形成闭合回路，每条通信线路都必须支持双向传输。

工作原理：在树型拓扑结构中，节点按层次进行连接，网络的最高层是中央处理机，最低层是终端，而其他各层可以是多路转换器、集中器或部门用计算机。信息交换主要在上、下层节点之间进行，相邻及同层节点之间一般不进行数据交换或数据交换量很小。

树型拓扑结构的优点如下。

①易于扩展。这种结构可以延伸出很多分支和子分支，这些新节点和新分支都能容易地加入网内。

②故障隔离较容易。如果某一分支的节点或线路发生故障，很容易将故障分支与整个系统隔离开来。

树型拓扑结构的缺点如下。

越靠近顶部的节点，处理能力越强，其可靠性要求就越高。由于对顶部节点的依赖性太大，所以如果顶部节点发生故障，则全网不能正常工作。从这一点来看，树型拓扑结构的可靠性有点类似于星型拓扑结构。

适用场景： 适用于分支管理和控制的系统。

树型拓扑结构模型可用图1-2-4表示。

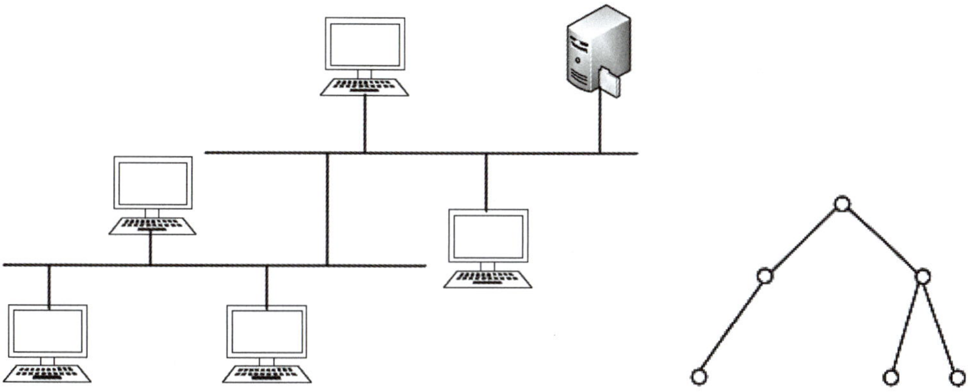

（a）　　　　（b）

图 1-2-4　树型拓扑

（5）网状型

网状型拓扑： 在网状型拓扑结构中，节点之间的连接是任意的。

工作原理： 这种结构在广域网中得到了广泛的应用，它的优点是不受瓶颈问题和失效问题的影响。

由于节点之间有许多条路径相连，可以为数据流的传输选择适当的路由，从而绕过失效的部件或过忙的节点。这种结构虽然比较复杂，成本也比较高，提供上述功能的网络协议也较复杂，但由于其可靠性高，仍然受到用户的欢迎。

网状型拓扑结构的优点如下。

①节点间路径多，碰撞和阻塞减少。

②局部故障不影响整个网络，可靠性高，比较容易扩展。

网状型拓扑结构的缺点如下。

①网络关系复杂，建网较难，冗余链路增加了成本。

②网络控制机制复杂，必须采用路由算法和流量控制机制。

适用场景： 广域网基本上采用网状型拓扑结构。

网状型拓扑模型可用图1-2-5表示。

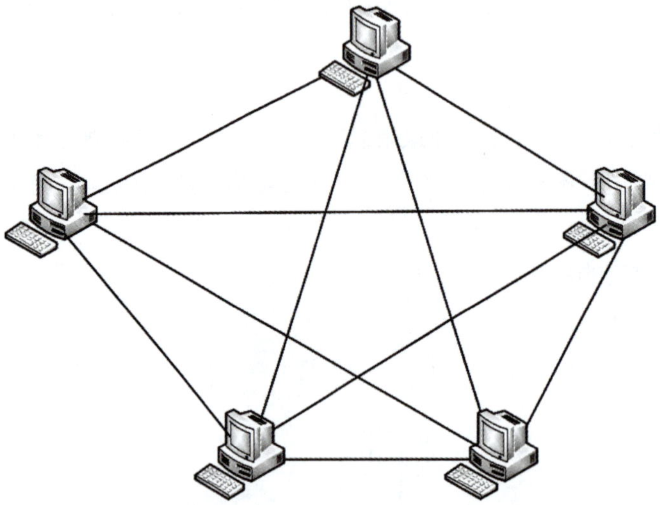

（a）

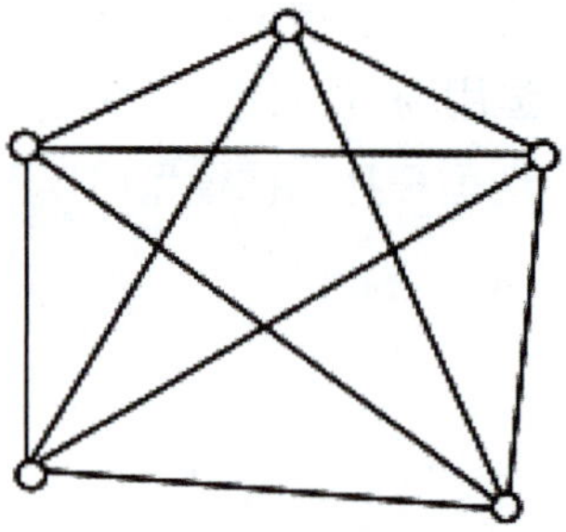

（b）

图 1-2-5 网状型拓扑

（6）混合型

混合型拓扑是将两种单一拓扑结构混合起来，取二者的优点构成的拓扑。

如一种是星型拓扑和环型拓扑混合成的“星-环”拓扑，另一种是星型拓扑和总线拓扑混合成的“星-总”拓扑。

这两种混合型结构有相似之处，如果将总线拓扑的两个端点连在一起，就变成了环型拓扑。

在混合型拓扑结构中，汇聚层设备组成环型或总线型拓扑，汇聚层设备和接入层设备组成星型拓扑。

混合型拓扑结构的优点如下。

①故障诊断和隔离较为方便。一旦网络发生故障，只要诊断出哪个网络设备有故障，将该网络设备与全网隔离即可。

②易于扩展。要扩展用户时，可以加入新的网络设备，也可以在设计时，在每个网络设备中留出一些备用的可插入新站点的连接口。

③安装方便。网络的主链路只要连通汇聚层设备，然后再通过分支链路连通汇聚层设备和接入层设备。

混合型拓扑结构的缺点如下。

①需要选用智能网络设备，实现网络故障自动诊断和故障节点的隔离，网络建设成本比较高。

②像星型拓扑结构一样，汇聚层设备到接入层设备的线缆安装长度会增加较多。

在实际组网中，拓扑结构一般不是单一的，而是要根据具体需要和环境选择结构。

1.2.3　Visio软件

Office Visio是Office软件系列中负责绘制流程图和示意图的软件，是一款便于就复杂信息、系统和流程进行可视化处理、分析和交流的软件。Visio可以制作的图表范围十分广泛，可以促进对系统和流程的了解，还可以利用Visio的强大绘图功能绘制地图、企业标志等。Visio软件具有创建图表更加容易、更多查找形状、实时预览功能、自动调整大小、自动调整间距、增加Visio服务、流程管理、增强SharePoint支持、新的图形及更好的兼容性等特性，同时Visio支持将文件保存为svg、dwg等矢量图形通用格式，因此受到广泛欢迎。本节我们讲解Visio的安装，以及用Visio绘制拓扑图的方法。

（1）安装步骤

①下载Office Visio 2016软件后，右击软件压缩包，选择解压到Visio 2016（图1-2-6）。

②进入Visio 2016文件夹，双击“打开”setup（图1-2-7）。

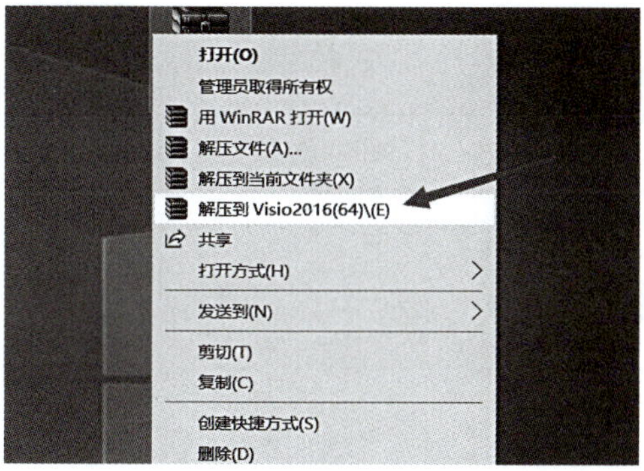

图 1-2-6　解压 Visio 2016

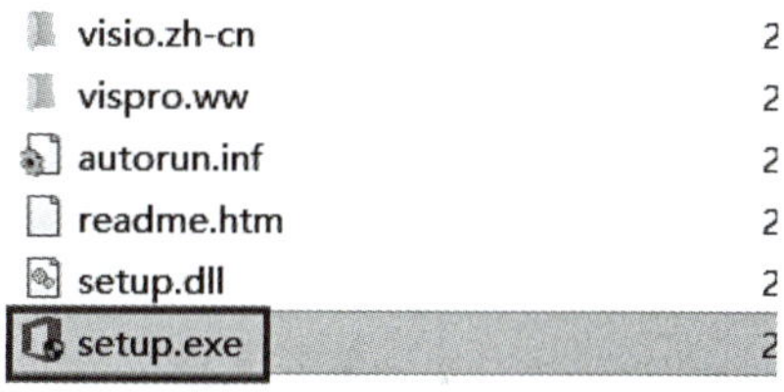

图 1-2-7　运行 setup.exe 安装程序

③选择接受协议条款，并单击“继续”（图1-2-8）。

④选择安装模式，选择“自定义”，设置安装目录（图1-2-9）。

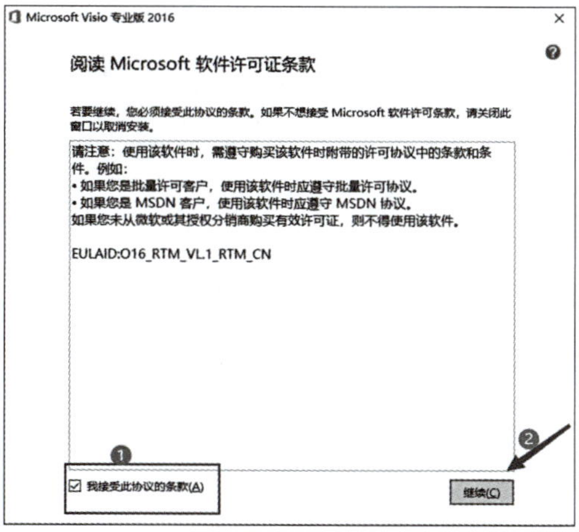

图 1-2-8　接受协议

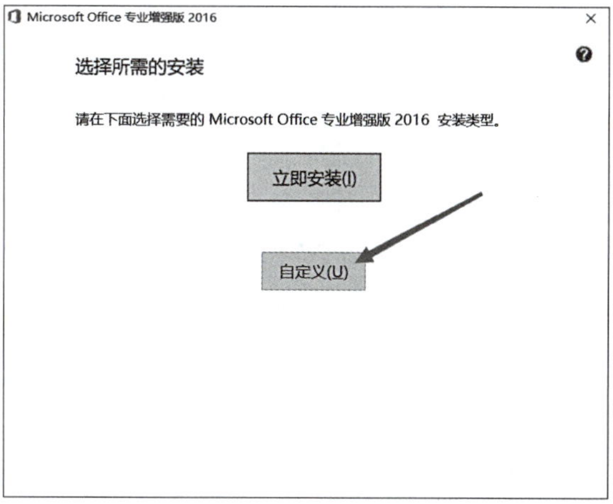

图 1-2-9　自定义安装

⑤单击上方的文件位置，默认安装在C盘下，可以手动更改安装位置，完成后点单右下角的“立即安装”（图1-2-10）。

⑥等待安装完成（图1-2-11）。

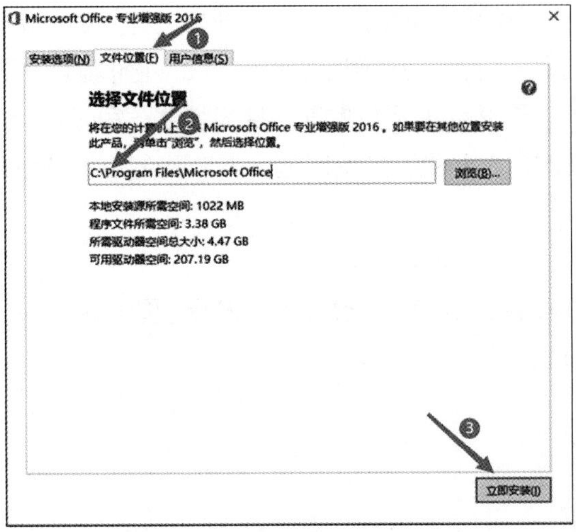

图 1-2-10　设置安装路径

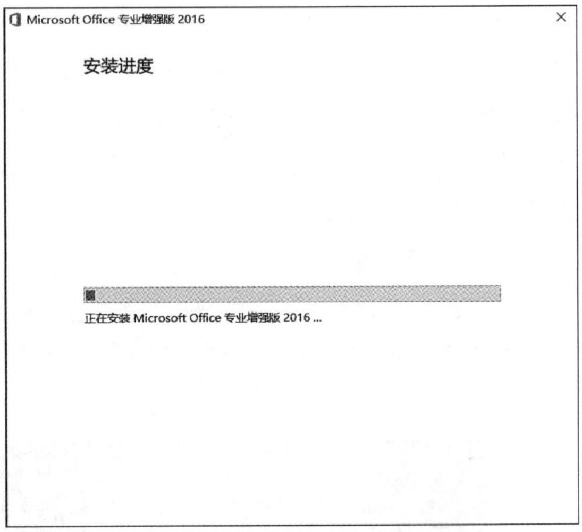

图 1-2-11　安装进度

⑦安装完成关闭窗口即可（图1-2-12）。

图 1-2-12　安装结束

⑧安装完成。打开Visio软件如图1-2-13所示。

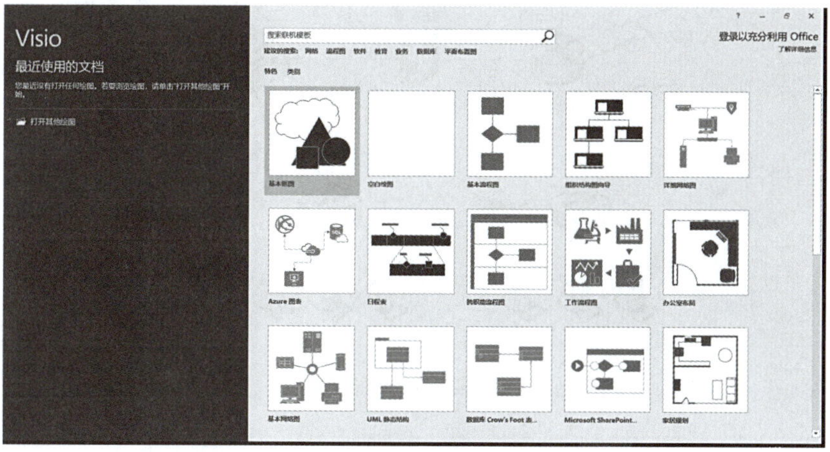

图 1-2-13　打开 Visio 软件

（2）自定义模具

Visio 2016软件可以创建自己的自定义形状并将其添加到可编辑的模具中。

Visio模具中的形状通常被称为主控形状。当将主控形状拖到绘图页上时，就创建了该主控形状的副本（或“实例”）。主控形状本身将保留在模具上，因此可以重复使用它在绘图页上创建主控形状的新副本。

①创建方法：“形状”下面选“更多形状”—“新建模具”，然后编辑该模具。

②编辑模具：新建的模具已自动打开“编辑”，你可编辑该模具；微软的模具默认不可编辑。你需要右击“模具名称”—编辑模具，就可以进入编辑模式。

③添加形状：在模具名称下方“空白处”右击—“新建主控形状”，输入名称、提示，勾选“放下时按名称匹配”等；在模具名称下方“空白处”已生成形状，但还没有形状的内容，需要右击形状—“编辑主控形状”；在新窗口里绘制需要的形状，绘制完成后关闭该形状编辑窗口；弹出“是否更新”窗口，点更新即可完成形状的创建。

④打开自定义模具：依次指向“形状”“我的形状”，然后单击模具的名称。

任务实施

任务1.2　网络拓扑图的绘制

任务描述

本次任务通过对教材提供的校园网络拓扑图模仿绘制，如图1-2-14所示，可以自主扩展绘制，掌握拓扑绘制软件的使用、练习拓扑图内容构成。

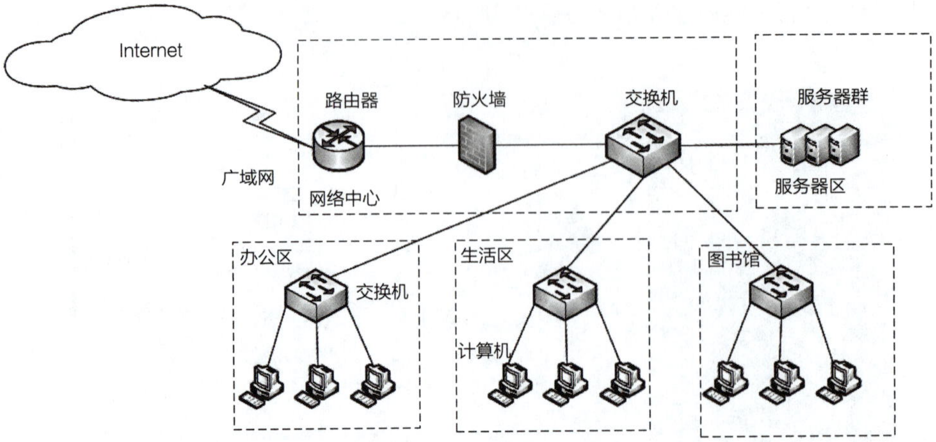

图 1-2-14 校园网络拓扑图

任务准备

安装Office Visio 2016以上版本的计算机。

任务指导

①启动Visio，进行网络拓扑编辑，选择适合的形状模板，并参考图1-2-14进行绘制。

②在基本网络形状模板中选择服务器模块并拖放到绘图区域中。

③加入防火墙模块。选择防火墙模块，拖放到绘图区域中，适当调整其大小。

④选择不同粗细的线条，在服务器模块和防火墙模块之间连线，并画出其余的线。

⑤分别给各个图形添加文字。

⑥画出文本框，添加标题。

⑦改变图样的背景色。

⑧设计完成，保存图样，文件名为“任务1.2 绘制企业网络拓扑”。

⑨分析网络拓扑结构图，确定拓扑类型和网络体系结构。

任务总结

要求撰写实训总结时，把完成任务过程中遇到的问题与解决方法、未解决或需要进一步探讨的问题，以及任务实践过程中的收获和经验教训的内容写入实验报告并提交。

任务 1.3 企业网络应用需求调研分析

任务书

任务	任务 1.3 企业网络应用需求调研分析	所属项目	项目 1 企业网络需求调研分析
任务描述	项目负责人刘经理安排小张跟着项目组网络工程师徐工学习，并辅助其工作。徐工想了解一下小张对计算机网络系统的熟悉情况，布置任务让小张对某企业的网络建设进行项目分析，包括网络拓扑图的识读和制作、网络的体系架构，整理数据，形成需求分析报告，为设计方案提供依据。		
学习产品	某企业网络需求报告		
学习要求	一、预习任务 1. 网络的组成。 2. 网络硬件系统。 3. 通信子网与资源子网。 4. C/S 和 B/S 的区别。 5. 需求调研的步骤。 二、掌握企业网络需求分析调查方法		

知识准备

1.3.1 网络组成

网络组成

计算机网络系统主要由网络硬件系统、网络软件系统和网络数据组成。

1.3.1.1 网络硬件系统

硬件系统是计算机网络的基础，硬件系统由计算机（服务器、工作站）、通信设备、连接设备及辅助设备组成。

（1）计算机

可独立工作的计算机是计算机网络的核心，根据用途的不同可将其分为服务器和网络工作站。

服务器一般由功能强大的计算机担任，如大型机、中型机或小型机、高档计算机。它向网络用户提供服务，并负责对网络资源进行管理。一个计算机网络系统可以有一台或多台服务器，根据服务器所担任的功能不同又可将其分为文件服务器、通信服务器、备份服务器和打印服务器等。

网络工作站是一台供用户使用网络的本地计算机，对它没有特别要求。工作站作为独立的计算机为用户服务，同时又可以按照被授予的一定权限访问服务器。各工作站之间可以相互通信，也可以共享网络资源。在计算机网络中，工作站是一台客户机，即网络服务的一个用户。

（2）网络设备

网络设备是构成计算机网络的一些部件，如网卡、调制解调器、集线器、中继器、网桥、交换机、路由器和网关等。

网卡又称网络接口适配器（NIC），是计算机与传输介质的接口。每一台服务器和网络工作站都至少配有一块网卡，通过传输介质将它们连接到网络上。网卡的工作是双重的：一方面它负责接收网络上传过来的数据包，解包后将数据通过主板上的总线传输给本地计算机；另一方面它将本地计算机上的数据打包后送入网络。

调制解调器（Modem）利用调制解调技术来实现数字信号与模拟信号在通信过程中的相互转换。确切地说，调制解调器的主要工作是将数据设备送来的数字信号转换成模拟信号，反之，它也能将来自模拟信道的模拟信号转换为数字信号。

集线器（Hub）是对网络进行集中管理的重要设备，其主要作用是将信号再生转发。接口数量是集线器的重要参数之一，它表示集线器所能连接的计算机的数量。集线器是一个共享设备，其实质是一个多口中继器。

中继器（Repeater）是最简单的局域网延伸设备，其主要作用是放大传输介质上传输的信号，以便在网络上传输得更远。不同类型的局域网采用不同的中继器。

网桥（Bridge）用于连接使用相同通信协议、传输介质和寻址方式的网络。网桥可以连接不同的局域网，也可以将一个大网分成多个子网，均衡各网段的负荷，提高网络的性能。

交换机（Switch）有多个端口，每个端口都具有桥接功能，可以连接一个局域网或一台高性能服务器或工作站。所有端口由专用处理器进行控制，并经过控制管理总线转发信息。

路由器（Router）的作用是连接局域网和广域网，它有判断网络地址和选择路径的功能，其主要工作是为经过路由器的报文寻找一条最佳路径，并将数据传送到目的站点。

网关（Gateway）不仅具有路由功能，而且还能实现不同网络协议之间的转换，并将数据重新分组后传送。

（3）传输介质

在计算机网络中，要使不同的计算机能够相互访问对方的资源，必须有一条通路使它们能够相互通信。传输介质是网络通信用的信号线路，它提供了数据信号传输的物理通道。传输介质按其特征可分为有线通信介质和无线通信介质两大类，有线通信介质包括双绞线、同轴电缆和光缆等，无线通信介质包括无线电、微波和红外线等。它们具有不同的传输速率和传输距离，分别支持不同的网络类型。

1.3.1.2 网络软件系统

网络系统软件是指系统的网络操作系统、网络通信协议和应用级的提供网络服务功能的专用软件。

功能：对网络资源进行全面的管理、合理的调度和分配，并防止网络资源丢失或被非法访问、破坏。

类型：网络协议软件、网络通信软件、网络操作系统、网络管理软件和网络应用软件等。

网络操作系统：建立在各主机操作系统之上的一个操作系统，用于实现不同主机之间的用户通信，以及全网硬件和软件资源的共享，并向用户提供统一的、方便的网络接口，便于用户使用网络。

网络数据库：建立在网络操作系统之上的一种数据库系统，可以集中驻留在一台主机上（集中式网络数据库系统），也可以分布在多台主机上（分布式网络数据库系统），它向网络用户提供存取、修改网络数据库的服务，以实现网络数据库的共享。

1.3.1.3 网络数据

在计算机网络上存储和传送的数据称为网络数据。网络数据主要由网络工作者通过各种输入设备将大量的资料、图像等数据上传到计算机网络上，并且每时每刻都在不断地补充、更新、修改。网络数据一般存储在服务器上，由各种网络系统软件对其进行管理和维护。服务器与服务器之间通过一定的网络协议传递数据，网络用户通过网络应用软件获取网络数据。

1.3.1.4 通信子网与资源子网

典型的计算机网络从逻辑功能上可以分成两个子网：资源子网和通信子网。

在整个计算机网络中总会有一部分是用来对数据进行传递的，对于网络中的这部分称之为通信子网。

网络的另一个重要作用就是提供各种服务，包括负责全网的数据处理业务，向网络用户提供各种网络资源与网络服务，对于网络中的这部分我们称之为资源子网。

（1）资源子网

功能：负责全网的数据处理业务，向全网用户提供各种网络资源与网络服务。

组成：资源子网由主机、终端、终端控制器、联网外设、各种软件资源与数据资源组成（图1-3-1）。

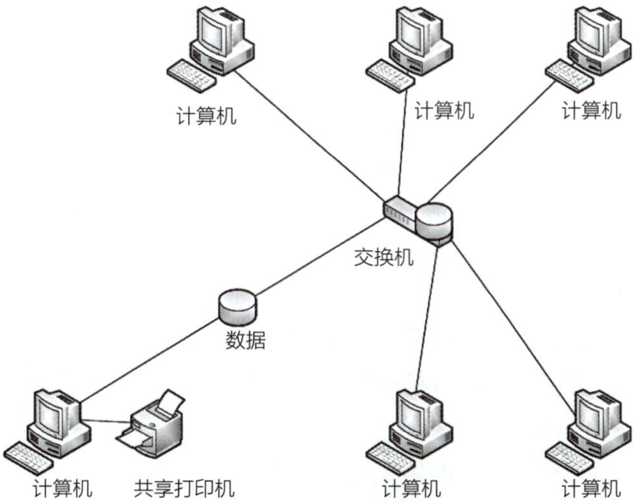

图 1-3-1 共享资源的计算机网络

（2）通信子网

功能：主要承担全网的数据传输、转发、加工、转换等通信处理工作。

组成：一般由通信控制处理机、通信线路和其他通信设备组成。

①通信控制处理机（CCP）是一种在计算机网络或数据通信系统中专门负责数据传输和控制的专用计算机，主要由小型机、微型机，或是带有CPU的专门设备承担。

在网络拓扑中的应用：CCP在网络拓扑结构中通常被称为网络节点，它一方面作为资源子网的主机、终端的接口节点，将它们联入网中；另一方面又实现了通信子网中报文分组的接收、校验、存储、转发等功能。

②通信线路，是指在CCP与CCP、CCP与主机之间提供数据通信的通道。通信线路和网络上的各种通信设备共同组成了通信信道。常见的有：有线通信线路，包括双绞线、同轴电缆、光导纤维等；无线通信线路，包括微波通信和卫星通信等。

③通信设备指网络设备，包括网卡、调制解调器、集线器、中继器、网桥、交换机、路由器和网关等。通信设备的采用与通信线路类型有很大关系，若使用模拟线路，在线路两端需配置调制解调器；若使用数字线路，在计算机与介质之间要有相应的连接部件，如脉码调制复用设备（图1-3-2）。

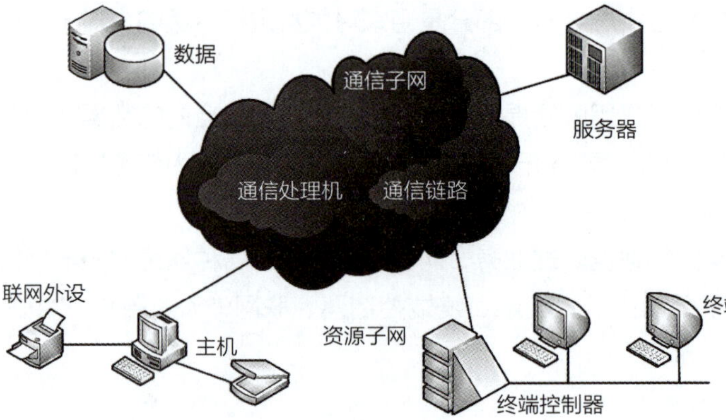

图 1-3-2 通信子网与资源子网

1.3.2 网络架构

网络架构

计算机网络按照工作模式，可以划分为对等网与客户机/服务器式两种基本网络。现实中往往是二者混合使用。

（1）对等网

在对等式网络中，每台计算机都可以扮演客户端与服务器的角色。在此类网络中，没有集中式的资源存储系统。数据与资源分布在整个网络主机上，每个用户都可将资源共享，供其他计算机使用，如图1-3-3所示。

主要优点：网络成本低、网络配置和维护简单。

主要缺点：网络性能较低、数据保密性差、文件管理分散、计算机资源占用大，规模小

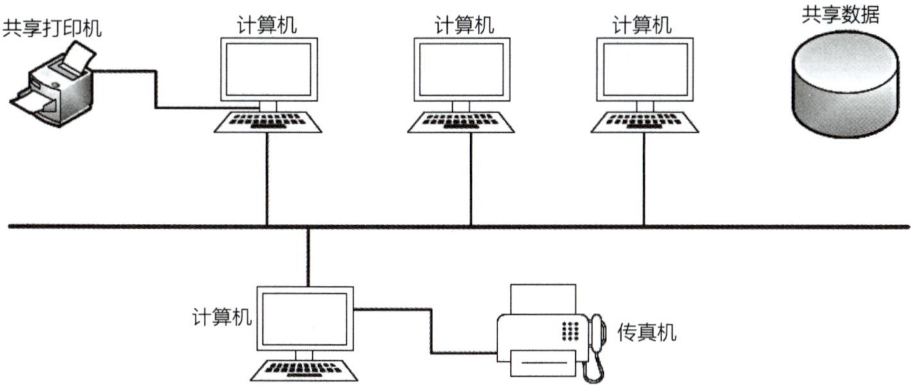

图 1-3-3　对等式网络中每一台计算机都可以作为客户端与服务器

（一般不超过10台）。

（2）客户机/服务器网络

①C/S结构（Client/Server，客户机/服务器）通常采取两层结构。服务器负责数据的管理，客户机负责完成与用户的交互任务（图1-3-4）。

客户机通过局域网与服务器相连，接受用户的请求，并通过网络向服务器提出请求，对数据库进行操作。服务器接收客户机的请求，将数据提交给客户机，客户机将数据进行计算并将结果呈现给用户。服务器还要提供完善安全保护及对数据完整性的处理等操作，并允许多个客户机同时访问服务器，这就对服务器的硬件处理数据能力提出了很高的要求。

在C/S结构中，应用程序分为两部分：服务器部分和客户机部分。服务器部分是多个用户共享的信息与功能，执行后台服务，如控制共享数据库的操作等；客户机部分为用户所专有，负责执行前台功能，在出错提示、在线帮助等方面都有强大的功能，并且可以在子程序间自由切换。

C/S结构在技术上已经很成熟，它的主要特点是交互性强、具有安全的存取模式、响应速度快、利于处理大量数据。但是C/S结构缺少通用性，系统维护、升级需要重新设计和开发，增加了维护和管理的难度，进一步的数据拓展困难较多。

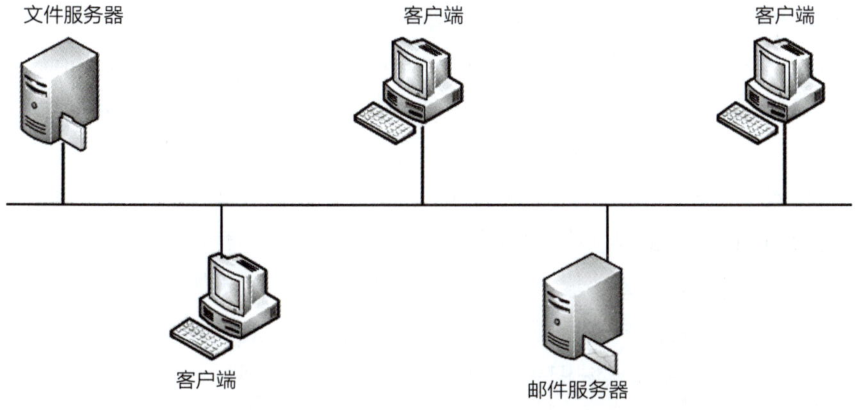

图 1-3-4　客户机 / 服务器网络中的服务器与客户端

②B/S结构（Browser/Server，浏览器/服务器模式）是Web兴起后的一种网络结构模式，Web浏览器是客户端最主要的应用软件。这种模式统一了客户端，将系统功能实现的核心部分集中到服务器上，简化了系统的开发、维护和使用。客户机上只要安装一个浏览器，如Chrome、Microsoft Edge或Internet Explorer，服务器安装SQL Server、Oracle、MYSQL等数据库，浏览器通过Web Server同数据库进行数据交互。

随着Internet和WWW的流行，以往的主机/终端和C/S都无法满足当前的全球网络开放、互联、信息随处可见和信息共享的新要求，于是就出现了B/S型模式，即浏览器/服务器结构。它是C/S架构的一种改进，可以说属于三层C/S架构。主要是利用了不断成熟的WWW浏览器技术，用通用浏览器就实现了原来需要复杂专用软件才能实现的强大功能，并节约了开发成本，是一种全新的软件系统构造技术。第一层是浏览器，即客户端，只有简单的输入输出功能，处理极少部分的事务逻辑。由于客户不需要安装客户端，只要有浏览器就能上网浏览，所以它面向的是大范围的用户，所以界面设计得比较简单，通用。第二层是Web服务器，扮演着信息传送的角色。第三层是数据库服务器，扮演着重要的角色，因为它存放着大量的数据。

③C/S和B/S的比较。

在硬件环境方面：C/S建立在局域网的基础上，局域网之间再通过专门服务器提供连接和数据交换服务。在C/S结构中，客户机和服务器都需要处理数据任务，这就对客户机的硬件提出了较高的要求。B/S结构建立在广域网之上，不必配备专门的网络硬件环境。虽然对客户端的硬件要求不是很高，只需要运行操作系统和浏览器，但服务器端需要处理大量实时的数据，这就对服务器端的硬件提出了较高的要求。总体来讲，B/S结构相对C/S结构能够大大降低成本。

在系统维护、升级方面：C/S结构中的每一个客户机都必须安装和配置相关软件，如操作系统、客户端软件等。当客户端软件需要维护、升级，即使只是增加或删除某一功能，也需要逐一将C/S结构中所有的客户端软件卸载并重新安装。如果不进行升级，可能会碰到客户端软件版本不一致而无法工作的情况。B/S结构中每一个客户端只需通过浏览器便可进行各种信息的处理，而不需要安装客户端软件，维护、升级等几乎所有的工作都在服务器端进行，如果系统需要升级，只需要将升级程序安装在服务器端即可。

在系统安全方面：C/S结构采取点对点的结构模式，数据的处理是基于安全性较高的网络协议之上。另外，C/S一般面向相对固定的用户群，它可以对权限进行多层次的校验，对信息安全的控制能力很强，安全性可以得到很好的保障。B/S结构采取一点对多点、多点对多点的开放式结构模式，其安全性只能靠数据服务器上的管理密码的数据库来保证，况且网络安全技术是一个不断发展和变化的领域，需不断发现、修补各种安全漏洞。

在用户接口方面：C/S结构多是建立在Windows平台上，表现方法有限，对程序员普遍要求较高。B/S结构是建立在浏览器上，有更加丰富和生动的表现方式与用户交流。

在处理方面：C/S结构建立在局域网上，处理面向在相同区域的比较固定的用户群，满足对安全要求高的需求，与操作系统相关。B/S结构建立在广域网上，处理面向分散的地域的不同的用户群，与操作系统关系较小。另外，B/S的处理模式与C/S的处理模式相比，简化了客户端，只需要安装操作系统、浏览器即可。

在软件重用方面： C/S结构软件可从整体性考虑，构件的重用性不如在B/S要求下构件的重用性好。B/S对应的是多重结构，要求构件相对独立的功能，能够相对较好的重用。

在系统速度方面： C/S结构在逻辑结构上比B/S结构少一层，对于相同的任务，C/S结构完成的速度总比B/S结构快，使得C/S更利于处理大量数据。另外，由于客户端实现与服务器的直接相连，没有中间环节，因此响应速度快。

在交互性与信息流方面： C/S结构的交互性很强，在C/S结构中，客户机有完整的客户端软件，能处理大量的、实时的数据流，响应速度快。B/S结构虽然可以提供一定的交互能力，但交互能力很有限。C/S的信息流单一，而B/S结构可处理如B-B、B-C、B-G等信息并具有流向的变化。

(3) 混合网络

实际操作中通常是二者混合使用。以小型办公室而言，可能架设一台或几台服务器，专门存放重要的数据或执行重要的应用程序，其他计算机则作为客户端。但是这些客户端仍然能够共享彼此之间的资源，如共享文件夹等，如图1-3-5所示。

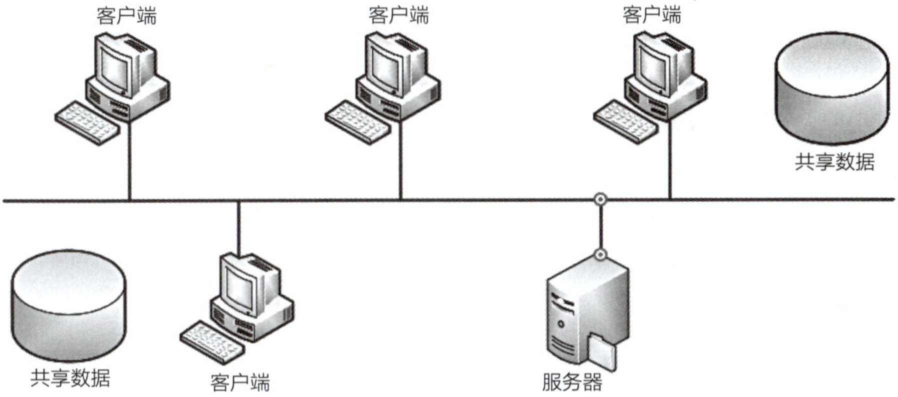

图 1-3-5 混合式网络

1.3.3 网络协议

(1) 网络协议概述

网络协议：计算机网络中进行数据交换而建立的规则、标准或约定的集合。

例如，网络中一个计算机用户和一个大型主机进行通信，由于这两个数据终端所用字符集可能不同，因此操作员所输入的命令彼此不认识。为了能进行通信，规定每个终端都要将各自字符集中的字符先变换为标准字符集的字符后，才进入网络传送，到达目的终端之后，再变换为该终端字符集的字符。当然，对于不相容终端，除了需变换字符集字符外，还需转换其他特性，如显示格式、行长、行数、屏幕滚动方式等。

网络中不同主机之间的成功通信需要在许多不同协议之间进行交互。执行某种通信功能所需的一组内在相关协议称为协议簇。这些协议通过加载到各台主机和网络设备的软件和硬件中执行。要直观地了解所有协议在特定主机上的交互方式，最好的办法是将其视为协议栈。协议栈显示了在主机上实现协议簇中每个协议的方式。协议被显示为分层的架构，每种上层服务都依赖于其余下层协议所定义的功能。协议栈的下层负责通过网络传输数据和向上层提供服务，而上层则负责处理发送的报文内容和用户界面。

总体说来，协议是用来描述进程之间信息交换数据时的规则术语。在计算机网络中，两个相互通信的实体处在不同的地理位置，其上的两个进程相互通信，需要通过交换信息来协调它们的动作以达到同步，而信息的交换必须按照预先共同约定好的规则进行。

（2）分层与协议

网络中的通信大多是按层的方式来组织的，每一层都建立在它的下层之上。不同的网络，其层数以及各层的名字、内容和功能都不尽相同。然而在所有的网络中，每一层的目的都是向它的上一层提供一定的服务，而把如何实现这一层的细节对上一层加以屏蔽。网络中的数据也并不是从一台机器的第N层直接传送到另一台机器的第N层，而是每一层都把数据和控制信息交给它的下一层，直到最下层，再将数据传送到对方的最下层，再一层一层地往上送至第N层。

1.3.4　需求调研的步骤和方法

需求调研是为需求说明书做前期工作，可以说需求说明书是从需求调研表中得到或抽取而出。需求调研是要了解现实世界中做实际工作的人们真正需要什么样的程序的过程，然后把这些需求展开细节整理由设计部开发，最后由销售部门销售给用户。

步骤　一般从以下几个步骤入手

①客户想要什么？

认真倾听客户说话，确认客户的需求。客户说完后，需要调研者复述客户的需求，在复述的同时可以发表建议。这里要把客户的需求合理化、简单化，即程序不能太复杂，风险尽量排除掉，避免逻辑复杂又不实用。

②客户要这干什么用？

听完所有的需求，提炼出客户所要的内容，围绕内容开始研究，复述客户的需求。不能自以为是，要不断重复，直至双方确认，别怕麻烦。

③他为什么这么想？

客户一般不是IT专家，大多是行业专家，对自己所在行业至少对本企业的行业流程比较清楚，所以就需要搞清楚他们的行业流程或业务逻辑，确认他们到底想让程序为他们实现什么功能，他们要干什么？会不会有别的想法？

以上三步的目标：搞清客户的要求，找出要求的逻辑，客户想要的结果，同时排除开发的风险，挖掘与控制潜在的要求。

需求调研的目的：双方对未来产生结果的认同，达成共识的基础是双方对结果均有理解，而不能一味期望客户提供他们的要求。

④调研方法。

需求调研常用的几种方法：观察法、体验法、单据分析法、报表分析法、问卷调查法、访谈法、需求调研会法。这是需求调研的“七种武器”，它们各有优缺点，无论想要了解的是什么需求，都需要将这些方式组合应用，针对想要了解的内容，以及需要了解的对象的工作特点，采用不同的方式。

任务实施

任务1.3 企业网络应用需求调研分析

任务指导

①设计“用户需求分析调查表”，可参考表1-3-1，完成“用户需求分析调查表”的设计，上交审核。

②实地调查企事业单位中的网络，了解其网络组成设备和网络改造需求。了解使用的网络硬件设备的类型、数量和型号，习惯或期望使用的操作系统平台，熟练或期望使用的办公系统，熟练或期望使用的数据库系统。按列表方式，在“用户需求分析调查表”中予以记录。

③调查网络应用的主要内容，在“调查表”中记录该部门使用网络处理的日常业务和工作人员使用网络的情况，是否需要在企业内（外）部Web网站上分配模块，是否需要内外部邮件服务，经常要与外部网络连接的方式和用户数。

④与外部网络连接的主要应用，其他应用需求。

⑤完成“企事业网络需求调查表”的填写，给出综述，分析网络对企事业单位的重要性和企业目前对网络的需求情况。书写格式要规范，每个小组一份，小组所有成员均要签字，并简述每位成员所做的工作。

表1-3-1 企事业网络需求调查表（例表）

<table>
<tr><td colspan="3">企业名称：</td><td>访问人：</td></tr>
<tr><td colspan="3">班级：</td><td>小组号：</td></tr>
<tr><td colspan="4">小组成员：</td></tr>
<tr><td rowspan="4">企事业单位基本情况</td><td colspan="2">企业单位所属类型</td><td></td></tr>
<tr><td colspan="2">网络情况</td><td></td></tr>
<tr><td colspan="2">网管人员信息</td><td></td></tr>
<tr><td colspan="2">提供的主要服务</td><td></td></tr>
<tr><td rowspan="4">网络资源</td><td rowspan="2">设备方面</td><td>计算机（客户机、服务器）</td><td></td></tr>
<tr><td>通信设备（网卡、集线器、交换机、Modem、ADSL 接入设备、路由器等）</td><td></td></tr>
<tr><td colspan="2">网络设计、安装、调试的费用</td><td></td></tr>
<tr><td colspan="2">网络操作系统和网络软件等费用</td><td></td></tr>
<tr><td rowspan="4">拓扑结构及应用</td><td colspan="2">网络布局示意图</td><td></td></tr>
<tr><td colspan="2">已安装的网络操作系统和常用软件</td><td></td></tr>
<tr><td colspan="2">通过网络提供的服务与日常工作情况</td><td></td></tr>
<tr><td colspan="2">网络运转情况</td><td></td></tr>
<tr><td rowspan="9">分析用户网络需求状况</td><td colspan="2">习惯或期望使用的操作系统平台</td><td></td></tr>
<tr><td colspan="2">熟练或期望使用的办公系统</td><td></td></tr>
<tr><td colspan="2">熟练或期望使用的数据库系统</td><td></td></tr>
<tr><td colspan="2">主要内容的网络应用情况</td><td></td></tr>
<tr><td colspan="2">是否需要在企业内（外）部 Web 网站上分配模块</td><td></td></tr>
<tr><td colspan="2">是否需要内外部邮件服务</td><td></td></tr>
<tr><td colspan="2">经常要与外部网络连接的方式和用户数</td><td></td></tr>
<tr><td colspan="2">与外部网络连接的主要应用</td><td></td></tr>
<tr><td colspan="2">其他应用需要的情况</td><td></td></tr>
</table>

任务总结

要求撰写实训总结时，把完成任务过程中遇到的问题与解决方法、未解决或需要进一步探讨的问题，以及任务实践过程中的收获和经验教训的内容写入实验报告并提交。

拓展阅读

希望之光！国产操作系统银河麒麟

在世界局势风云变幻，国外操作系统处于垄断地位多年的背景下，2020年8月13日，中国电子发布银河麒麟操作系统V10，引发了业界和公众前所未有的关注。

操作系统是软件之魂，是信息化安全体系的基石。长期以来，我国高科技领域的痛点之一正是底层基础技术领域“缺芯少魂”。这里的芯是指芯片技术，而魂就是操作系统。正因为如此，我国民众对国产操作系统的发展倾注了超乎寻常的热情。令人沮丧的是，多年以来，国产操作系统在普通人眼里一直“雷声很大、雨点没见着”。从红芯软件抄袭事件到木兰软件造假事件，人们对国产操作系统的希望一次次被燃起，又一次次被浇灭。

此次发布的银河麒麟操作系统V10，充分适应5G时代需求，打通手机、平板电脑、PC等，实现多端融合，其独创的kydroid技术，可以原生支持海量安卓应用，成功将300万余款安卓适配软硬件无缝迁移到国产平台上来。银河麒麟操作系统V10作为国内安全等级最高的操作系统，是首款具有内生安全体系的操作系统，有能力成为承载国家基础软件的安全基石。银河麒麟操作系统V10的推出成功打破国外技术垄断，麒麟操作系统在我国党政和行业客户已经达到10000余家。

核心技术从不是别人给予的，自主创新是我们攀登世界科技高峰的必经之路，不要指望有捷径，要踏踏实实，要有紧迫感，要坚定地去做。

项目习题

一、填空题

1. 计算机网络的主要功能是________、________、________。
2. 网络拓扑结构主要有四种拓扑结构：________、________、________、________。
3. 总线型拓扑结构的特点是________。
4. 网络常用调试命令有________、________。
5. 计算机网络系统主要由________系统、________系统和________组成。
6. 局域网最少由________台计算机组成。
7. 网络软件系统主要包括________、________、________、________等。

二、简答题

1. 简述计算机网络的含义。
2. 简述网络的定义。
3. 试说明计算机校园网络由几大部分组成。
4. 网络常用的分类有哪些（至少五种）？
5. 什么是计算机网络资源共享？试举例说明。
6. 网络按照物理范围分哪几种？
7. 简述经典的拓扑结构，并分别叙述其优缺点。
8. 网络硬件系统包括哪些？
9. 试区分通信子网与资源子网。
10. 试描述 C/S 和 B/S 的区别。

项目 2

企业网络布线

02

学习目标

理解通信、数据与信息等概念，并掌握相关的术语。
掌握数据的传输方式、传输介质。
掌握双绞线的端接方法与技能。
了解综合布线的相关概念、常用标准。
掌握综合布线系统图、施工图等工程文件的设计与绘制方法。

思政目标

培养学生严谨的工作作风，提高学生的工作效率意识和安全意识。
培养学生分析问题，解决问题的能力。
培养学生遵守标准规范的意识，养成良好的职业素养。

项目情景

公司投标一个网络项目，为企业设计安装网络。企业是老企业，目前处于转型期，需要重新布置网络满足新业务的要求，现需要将各类办公室按业务新要求重新规划设计，并进行综合布线，满足日常办公以及未来发展的需要。请为该企业设计并实施网络布线。

项目分析

企业处于转型阶段，原有网络已不能满足要求，新的业务还没定型。因此在进行网络布线的时候，不仅要考虑目前的需求，一定要尽可能详尽地了解客户的情况以及未来3～5年对网络的需求情况，充分考虑企业的需求并为未来的升级做一定的准备，制定综合布线方案并实施。

解决思路

接到项目后，对需求分析报告进一步分析得出需求说明书，真正了解客户的需求，再把这些需求展开细节整理，由设计部开发，制定施工方案并实施。

在本项目中，需完成以下任务：

- 任务2.1 制作双绞线
- 任务2.2 设计企业综合布线系统

任务2.1
制作双绞线

任务书

任务	任务 2.1 制作双绞线	所属项目	项目 2 企业网络布线
任务描述	项目负责人刘经理安排小张跟着项目组网络工程师徐工学习，并辅助其工作。徐工在了解小张对网络通信知识了解程度的同时，安排小张制作双绞线。		
学习产品	双绞线		
学习要求	一、预习任务 1. 通信的概念。 2. 数据的概念，信息的概念，数据与信息的关系。 3. 数字信号与模拟信号。 4. 并行通信与串行传送。 5. 单工、半双工、全双工。 6. 交换的方法种类。 7. 传输介质种类。 8. 双绞线的 EIA/TIA568A 以及 EIA/TIA568B 线序。 二、掌握双绞线的制作方法		

知识准备

2.1.1 通信的概念

在信息社会中，通信是人们获取、传递和交换信息的重要手段。随着大规模集成电路技术、激光技术、空间技术等新型技术的不断发展以及计算机技术的广泛应用，现代通信中出现了如数字通信、卫星通信、光纤通信等具有代表性的新领域。而在这些新领域中，数字通信尤为重要，它是现代通信系统的基础。

通信，指人与人或人与自然之间通过某种行为或媒介进行的信息交流与传递，从广义上指需要信息的双方或多方在不违背各自意愿的情况下采用任意方法、任意媒介，将信息从某方准确安全地传送到另一方。

2.1.2 数据信息和数据通信

2.1.2.1 信息与数据

信息与数据

(1)信息

信息是对客观事物的运动状态和存在形式的反映，可以是客观事物的形态、大小、结构、性能等描述，也可以是客观事物与外部之间的联系。

“信息”一词在英文、法文、德文、西班牙文中均是“information”，日文中为“情报”，我国古代用的是“消息”。20世纪40年代，信息的奠基人香农（C.E.Shannon）给出了信息的明确定义，具有代表意义的表述如下：“信息是用来消除随机不确定性的东西”，这一定义被人们看作是经典性定义并加以引用。

(2)数据

数据是传递信息的实体，是信息的一种表现形式。

在计算机网络中，数据分为模拟数据和数字数据两种，其中模拟数据是描述连续变化量的数据，如声音、电波等；数字数据是描述不连续变化量的数据，如文字、符号等。

数据是可识别的、抽象的符号。它不仅指狭义上的数字，还可以是具有一定意义的文字、字母、数字符号的组合、图形、图像、视频、音频等，也是客观事物的属性、数量、位置及其相互关系的抽象表示。例如，“0、1、2……”“阴、雨、下降、气温”“学生的档案记录、货物的运输情况”等都是数据。数据经过加工后就成为信息。

在计算机科学中，数据是所有能输入计算机并被计算机程序处理的符号的介质的总称，是用于输入电子计算机进行处理，具有一定意义的数字、字母、符号和模拟量等的通称。计算机存储和处理的对象十分广泛，表示这些对象的数据也随之变得越来越复杂。在计算机系统中，数据以二进制信息单元0、1的形式表示。

信息与数据既有联系，又有区别。数据是信息的表现形式和载体，可以是符号、文字、数字、语音、图像、视频等。而信息是数据的内涵，信息是加载于数据之上，对数据做出具有含义的解释。数据和信息是不可分离的，信息依赖数据来表达，数据则生动具体表达出信息。数据是符号，是物理性的，信息是对数据进行加工处理之后所得到的并对决策产生影响的数据，是逻辑性和观念性的；数据是信息的表现形式，信息是数据有意义的表示；数据是信息的表达载体，信息是数据的内涵，是形与质的关系。数据本身没有意义，数据只有对实体行为产生影响时才成为信息。

(3)信号

信号是携带信息的介质，是数据的一种电磁编码。信号一般以时间为自变量，以表示信息（或数据）的某个参量（振幅、频率或相位）为因变量。

类型：信号按其因变量的取值是否连续可分为模拟信号和数字信号。

模拟信号：是指信号的因变量完全随连续信息的变化而变化的信号，其因变量是连续的，如交流电电压信号、语音信号。

数字信号：是指表示信息的因变量是离散的，其自变量时间的取值也是离散的信号，如计算机内部数据信号、数字电话信号等，如图2-1-1所示。

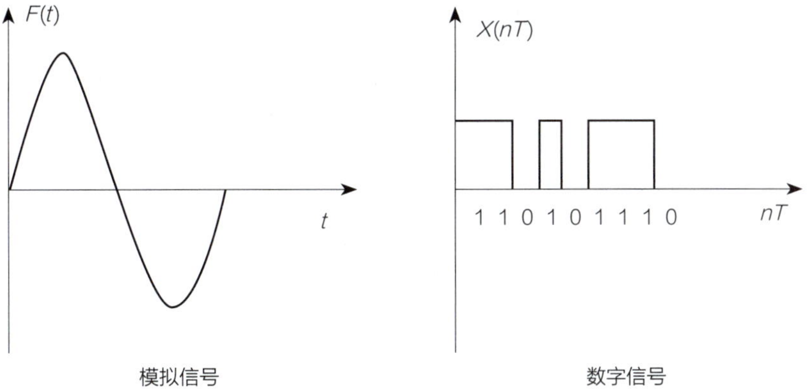

图 2-1-1　模拟信号与数字信号

我们把具有一定编码、格式和位长要求的数字信号称为数据信息。

2.1.2.2　数据通信系统模型

信息的传递是通过数据通信系统来实现的，一个完整的数据通信系统一般由信源、信号变换器、通信信道、信宿等构成，如图2-1-2所示。

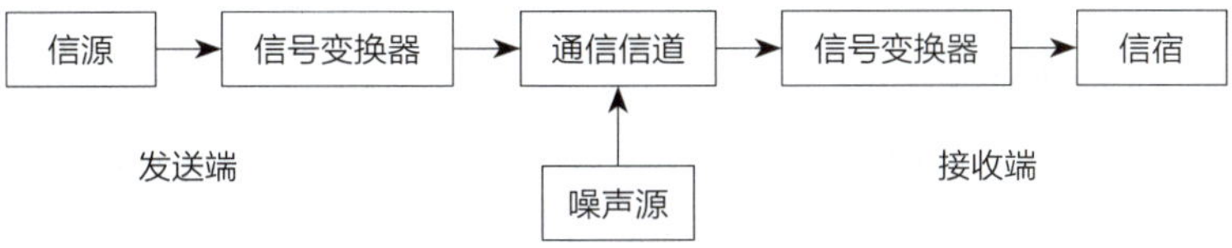

图 2-1-2　数据通信系统模型

（1）信源和信宿

信源：信息的产生和发送端，是发出待传送信息的人或设备。

信宿：信息的接收端，是接收所传送信息的人或设备。

（2）通信信道

通信信道：传送信号的通路，由传输线路和传输设备组成。信道类型是由所传输的信号决定的。

模拟信道：用来传输模拟信号的信道。

数字信道：用来传输数字信号的信道。

（3）信号变换器

信号变换器能将信源发出的数据变换成适合在信道上传输的信号，或将信道上传来的信号变换成可供信宿接收的数据。发送端的信号变换器可以是编码器或调制器，接收端的信号变换器相对应的就是译码器或解调器。

（4）噪声

信号在传输过程中受到的干扰称为噪声。噪声可能来自外部，也可能由信号传输过程本身产生。

简单地说，数据通信就是将数据信息通过适当的传输线路从一台机器传送到另一台机器。这里的机器可以是计算机、终端设备以及其他任何通信设备。数据通信实质上包含处理和数据传输两层含义。在计算机网络中，数据处理的工作主要由计算机系统来完成，数据传输是靠数据通信系统来实现的。

2.1.2.3 数据通信的特点

与传统的电报和电话通信相比，数据通信有如下特点。

①数据通信可实现人与机器或是机器与机器之间的通信，而电话机仅仅能完成人与人之间的通信。由于计算机不具备人脑的思维能力，因此要实现计算机与人或计算机之间的交流就一定要靠预先编制的程序来完成，这远比电话系统要复杂。

②数据传输的准确性和可靠性要求高。在数据通信中，通常是用二进制的1和0来表示信息的，任何错误都可能造成严重的后果，因此需要较低的误码率，并且传递系统应有自动纠正错误的能力。

③传输速率高，响应时间快。数据信号的传输速率依照所使用的带宽不同而不同，通常比电话线传输要迅速快捷。

④通信的持续时间差异较大。数据通信的平均信息长度和平均时延随着应用的不同而不同。

⑤数据通信具有灵活的接口，能满足各种设备之间的相互通信。

2.1.2.4 数据通信的质量指标

数据通信的目的就是及时有效地传递信息。衡量数据传输的质量标准是从有效性和可靠性两方面来考虑的。

（1）有效性

有效性是指在给定的信道内所能传输的信息量大小。有效性越高的系统性能越好。通常衡量有效性的指标是信息传输速率，在计算机数据通信中，用比特每秒（bit/s）来表示传输速率。

（2）可靠性

可靠性是指在给定的信道内接收信息的可靠程度。通常衡量可靠性的指标是误码率。在计算机二进制系统中，误码率的定义为：出现错误的比特数/传输的总比特数。

通常误码率越低，通信系统的可靠性也就越高。可靠性和有效性是相互矛盾的。在实际应用中，随着有效性的提高，可靠性往往会降低。因此，应在满足可靠性的前提下，尽可能提高系统的有效性，或在一定的有效性指标下，使信号传输的可靠性尽量提高。

2.1.2.5 数据通信系统的主要技术指标

描述数据通信系统数据传输速率的大小和传输质量的好坏，往往需要运用信道带宽、比特率、波特率、信道容量和误码率等技术指标。

（1）信道带宽

信道带宽是指信道中传输的信号在不失真的情况下所占用的频率范围，即传输信号的最高频率与最低频率之差。计算公式：

$$W=f_2-f_1$$

式中f_1是信道能够通过的最低频率，f_2是信道能够通过的最高频率。举例：若某通信线路可以不失真地传送2～20MHz的信号，则该通信线路的信道带宽为18MHz。

（2）波特率

波特率又称作波形速率或调制速率。它是指数据传输过程中，在线路上每秒钟传送的波形个数，其单位是波特，记作baud。如果一个波形的持续周期为T，则波特率B可按下式计算：

$$B=1/T$$

（3）比特率

比特率又称数据传输速率，是指数字信号的传输速率，用每秒钟所传输的二进制代码的有效位数表示，单位为比特/秒（记作b/s或bps）。比特率S可按下式计算：

$$S=B\log_2 N$$

式中B是波特率，N是一个波形代表的有效状态数。

（4）信道容量

信道容量一般是指物理信道能够传输信息的最大能力，它的大小由信道的带宽、可使用的时间、传输速率以及信道质量（即信号功率与干扰功率之比）等因素决定。

（5）误码率

误码率，也称出错率，是衡量数据通信系统在正常工作情况下传输可靠性的重要指标。误码率等于传输出错的码元数占传输总码元数的比例。在计算机网络中一般要求数字信号误码率低于10^{-6}。计算公式：

误码率=错误码元数/传输总码元数

（6）信道的时延

信号在传输过程中，所产生的延时叫作信道时延，也叫信道延迟。网络中的时延由以下几个不同部分组成。

①发送时延（传输时延）。传输时延是指节点在发送数据时使数据块从节点进入传输介质所需的时间，即一个站点从开始发送数据帧到数据帧发送完毕（或者是接收站点接收一个数据帧的全部时间）所需要的全部时间。计算公式：

传输时延=数据帧长度/发送速率

②传播时延。传播时延是指电磁信号或光信号在传输介质中传播一定的距离所花费的时间，即从发送端发送数据开始，到接收端收到数据（或者从接收端发送确认帧，到发送端收到确认帧），总共经历的时间。

传播延迟与信源和信宿间的距离有关，也与具体的通信信道中的信号传播速度有关。计算公式：

传播时延=传输信道长度/传输介质中信号的传播速率

（7）信噪比

在信道中，信号功率与噪声功率的比值称为信噪比。如果用S表示信号功率，用N表示噪声功率，则信噪比应被表示为S/N。

在实际传输中，更多地使用$10\log_{10}(S/N)$来表示信噪比，单位是分贝（dB）。计算公式：

$$信噪比=10\log_{10}(S/N)$$

2.1.3 数据传输方式

数据传输方式

信号的传输方式分为以下几类。

2.1.3.1 基带传输

由计算机等直接发出的数字信号是一连串矩形电脉冲信号，包含直流、低频和高频等多种成分。在其频谱中，从零频开始到能量集中的一段频率范围称为基本频带，简称为基带。在线路上直接传输数字基带信号就称为基带传输。

优点： 基带传输是一种最简单的传输方式，它抗干扰能力强、成本低，但是由于基带信号含有从直流到高频的频率特性，传输时必须占用整个信道，因此通信信道利用率低。

应用： 基带传输信号衰减严重，传输的距离受到限制，因此常用于局域网。在实际应用中，常采用非归零编码、曼彻斯特编码、差分曼彻斯特编码。

2.1.3.2 频带传输

所谓频带传输，就是利用调制器把二进制信号调制成能在公共电话线上传输的音频信号（模拟信号），将音频信号在传输介质中传送到接收端后，再经过解调器的解调，把音频信号还原成二进制的电信号。这种把数字信号经过调制后再传输，传输到接收端后再解调还原成数字信号的传输，称为频带传输。频带传输克服了电话线不能直接传送基带信号的缺点，而且能够实现多路复用的目的，从而提高了通信线路的利用率。

调制： 在频带传输中，由发送端将数字数据信号转换成模拟数据信号的过程。

调制器： 进行调制所使用的设备。

解调器： 在接收端把模拟数据信号还原为数字数据信号的过程使用的设备。

调制解调器（Modem）： 同时具备调制和解调功能的设备。在实现全双工通信时，则要求收发两端都安装调制解调器。

多路复用技术可分为以下几种。

①频分多路复用（FDM，Frequency Division Multiplexing）。

②时分多路复用（TDM，Time Division Multiplexing）。

③波分多路复用（WDM，Wavelength Division Multiplexing）。

④码分多址（CDMA，Code Division Multiple Access）。

常用的是频分多路复用和时分多路复用。

2.1.3.3 宽带传输

通过借助频带传输，可以将链路容量分解成两个或更多的信道，每个信道可以携带不同的信号，这就是宽带传输。宽带是指比音频带宽更宽的频带，它包括大部分电磁波频谱。使用这种宽频带进行传输的系统，称为宽带传输系统。它可以容纳全部广播，并可进行高速数据传输。宽带传输系统允许在同一信道上进行数字信息和模拟信息服务。计算机局域网的数据传输系统使用基带传输和宽带传输两种方式，它们的主要区别在于数据传输速率不同。基带数据传输速率为0～10Mb/s，更典型的是1～2.5Mb/s，而宽带数据传输速率为0～400Mb/s，常用的是5～10Mb/s。而且一个宽带信道能被划分为多个逻辑信道，这样就能把声音、图像和数据信息的传输综合在一个物理信道中进行。

依据传输线数目的多寡，可以将数据传送分为两种方式：并行通信和串行通信。通常情况下，并行通信用于短距离、高速率的通信，串行通信用于长距离、低速率的通信。

（1）并行通信

并行通信指的是数据以成组的方式，在多条并行信道上同时进行传输，是在传输中有多个数据位同时在设备之间进行的传输。

特点：并行通信传输速率快，但是线路成本高，维修不易，且易受干扰。

应用：计算机内的数据总线就是采用并行传输，根据信道数量不同可分为8位、16位、32位和64位等。并行的数据传送线也叫总线，如并行传送8位数据就叫8位总线，并行传送16位数据就叫16位总线，依此类推，如图2-1-3所示。

（2）串行通信

串行通信指的是代码的若干位按顺序一位一位地传送数据，从发送端到接收端只要一条传输信道即可。

特点：通信线路少，布线简便易行，施工方便，结构灵活，系统间协商协议，自由度及灵活度较高，因此在电子电路设计、信息传递等诸多方面的应用越来越多。

应用：适用于近距离的人-机交换、实时监控等系统通信工作。

串行传送就是以比特为单位，按照字符所包含的比特位的顺序，一位接一位地传送，到达对方后，再由通信接收装置将串行比特流还原成字符，如图2-1-4所示。串行传送虽然速度较慢，但在接收端与发送端之间只需要一根传输线即可，因而造价低，在计算机网络中普遍采用这种串行传送方式。

图2-1-3 并行通信

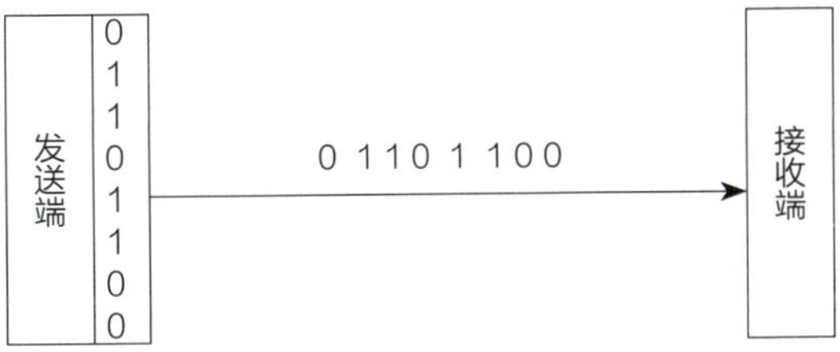

图2-1-4 串行通信

2.1.3.4 单工、半双工和全双工通信

根据信号在信道上的传输方向，数据通信分为单工通信、半双工通信和全双工通信，或者说单工、半双工、全双工三种工作方式。

（1）单工通信

单工通信又称为单向通信。在单工通信中，数据信号固定地从发送端传送到接收端，即信息流仅沿一个方向流动，如无线电广播、有线电广播、电视广播等。

（2）半双工通信

半双工通信又称为双向交替通信。在半双工通信中，数据信号可双向传送，但不能在两个方向上同时进行。

通信双方都具有发送器和接收器，但在同一时刻信道只能容纳一个方向的信息传输，如无线电对讲机采用的就是半双工通信，当甲方讲话时，乙方无法讲话；等甲方讲完后，乙方才能开始讲话。

（3）全双工通信

全双工通信又称为双向同时通信。在全双工通信中，同一时刻双方能在两个方向上传输数据信息，它相当于把两个相反方向的单工通信方式组合起来，如打电话时，双方可以同时讲话。

特点：全双工通信效率高，但结构复杂，成本较高。

2.1.3.5 数据传输同步方式

（1）异步传输

异步传输又称为起止式传输。发送端可以在任何时刻向接收端发送数据，且将每个字符（5~8位）作为一个独立的整体进行发送，字符间的间隔时间可以任意变化。

特点：为了便于接收端识别这些字符，发送端需要在每个字符的前后分别加上一位或多位信息作为它的起始位和停止位。

分析：如果传送的字符由7位二进制位组成，那么在其前后各附加起始位和停止位，甚至还有校验位，其字符长度将达10位。很显然，由于辅助位多，这种同步方式传输效率较低，适用于低速通信。

（2）同步传输

同步传输要求数据的发送端和接收端始终保持时钟同步。同步传输具体又分为面向字符的同步和面向位的同步。

①面向字符的同步。

发送端将字符分成组进行连续发送，并在每组字符前后各加一个同步字符（SYN）。当接收端接收到同步字符时开始接收数据，直到再次收到同步字符时停止接收，然后进入等待状态，准备下一次通信。

②面向位的同步。

发送端每次发送一个二进制位序列，并在发送过程的前后分别使用一个特殊的8位串（01111110）作为同步字节来表示发送的开始和结束。

2.1.4 网络通信要素

通信的目的是传送消息（message），如语音、文字、图像等都是消息。数据（data）是运送消息的实体。信号（signal）则是数据的电气的或电磁的表现。

通信的第一步是将消息或信息从一个人或设备发送给另一个人或设备。人们使用许多不同的通信方式来交流观点。所有这些方式都有三个共同的要素：第一个要素是消息来源，即发送方。消息来源是需要向其他人或设备发送消息的人或电子设备。第二个通信要素是消息的目的地址，即接收方。目的地址接收并解释消息。第三个要素称为通道，包括提供消息传送途径的介质。

可以用通信系统一般模型理解数据通信的共性。通信系统包括由信息源和发送设备构成的发送端、传送信号的信道以及由接收设备和受信者构成的接收端，如图2-1-2所示，目的是传递各种各样带有信息的数据。

由于计算机网络中传输系统的设备费用，常常要占整个计算机网络费用的一半左右，所以当通信用户较多而传输的距离较远时，通常不采用两两固定连接的专用线，而采用交换技术，使通信传输线路为各个用户公用，以求提高传输设备的利用率，降低系统费用。

2.1.5　数据交换技术

目前实现交换的方法很多，概括起来主要有电路交换和存储交换两大类。

2.1.5.1　电路交换

电路交换（图2-1-5）方式就是当计算机与终端或计算机之间需要通信时，由交换机负责在其间建立一条信道，而不改变数据形式。在完成线路接通后，双方通信内容不受交换机干预，即传输的符号、编码、格式及通信控制规程均随用户需要而定，通信速度在信道传输的范围内一般也是任意的，线路的任务仅仅是提供信道和建立连接。

在电路交换方式中，信道为收、发双方独占，数据传输速度快，延迟小，适用于远程成批处理和发送大量数据的场合。但是信道容量完全被用于整个连接过程，即使没有数据传送也是如此，因而线路的利用率相对较低。电路交换又分为空分线路交换和时分线路交换两种类型。

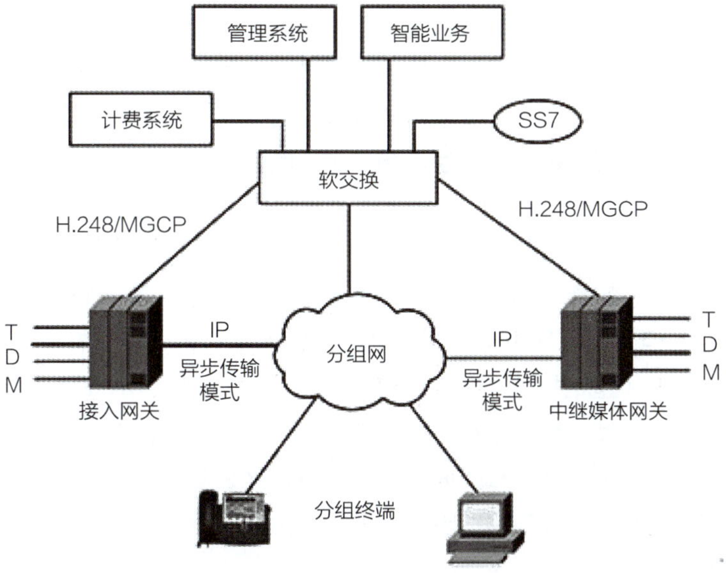

图 2-1-5　电路交换

2.1.5.2 存储交换

存储交换方式就是在通信处理机中，对所传信息进行存储转发的一种工作方式。当节点收到要求转发的信息后，不管是否接通了目的节点，都让发送节点发送信息，中间节点只起到传递信息的作用，不要求把发送节点和接收节点连接之后才允许发送信息。这种交换方式要求信息有一定格式。根据信息的大小，存储交换又可分为报文交换、分组交换、帧中继交换和信元交换。

（1）报文交换

报文交换就是用户把需要传输的数据，分割成一定大小的报文，每个报文要包含一个目的地址，以报文为单位在网络中传输。当某一个节点收到一个不是传送给自己的报文后，并且该报文所去终点地址的路径非空闲时，则将该报文存储到本节点的外存储器，并且登入输出待发报文登记表中，等到该节点至报文终点地址的路径空闲时，再将该报文向终点地址的方向发送。

主要优点：用户可随时发送报文；传输的可靠性高；容易实现代码转换和速率匹配；一个报文可以同时发送到多个目的地址；允许建立数据传输的优先级，使优先级高的报文优先转换。

主要缺点：实时性差，不适合传送实时或交互式业务的数据；报文交换只适用于数字信号。

（2）分组交换

分组交换也称包交换，它是将用户发送的一个报文，分割成若干规定长度的信息组，即分组信息，接着这些分组信息逐一地在网络上通过多个地点（分组交换）发送出去，当这些分组信息到达终点后，再将它们重新装配成完整的报文。在主机中产生的信息是以报文形式出现的，送到主机去的信息也是报文形式，也就是说主机与主机间是以报文形式通信的，报文是面向用户的，根据用户需要而定，格式和长度都是与用户使用要求紧密相连的。而分组是面向网络的，是为传输方便而采用的措施，无论是什么用户，在同一个计算机网络中，其分组的格式都是一样的。分组交换方式具有线路交换方式和报文交换方式的共同优点，并将它们的缺点降至最少。分组交换的主要应用领域是快速查询和应答的任何场合。例如，信用核实、储备、电子转账及股票牌价等。

（3）帧中继交换

针对信道质量差、误码率较高，分组交换技术采用帧校验、接收确认和流量控制等措施来提高传输的可靠性，但同时也严重地限制了帧的传输速率。帧中继是在分组交换（X.25）基础上，简化了差错控制（包括检测、重发和确认）、流量控制和路由选择功能而形成的一种新型的交换技术。帧中继以帧为单位进行交换，传输速率可达2.048Mb/s。

帧中继的通信子网只有物理层和数据链路层，没有网络层。差错控制仅在源和目的两端进行，并在数据链路层通过永久虚电路的映射来进行路由选择。

（4）信元交换

信元是比帧更小的信息单元，由信头和信息段组成，传输系统通过信头识别通路。在异步传输模式（ATM）中，信元规定为53字节，前5个字节为信头，其余48个字节为信息段。这样，每一个信元都花费同样的传输时间，从而可以把信道的时间划分为一个时间片序列，每个时间片用来传输一个信元。当交换器有信元发送时，便逐个时间片地把信元投入信道；接收时，若信道不空，也将逐个时间片地取得信元，时间片和信元一一对应。这种对应关系可大大简化对信元的传输控制，便于采用高速硬件对信头进行识别和交换处理。

在ATM中，只要信道空闲，便将信元投入信道，有利于提高信道的利用率。由于发送无固定周期，因而又被称为异步传输模式。

2.1.6　网络传输介质

网络传输介质是指在网络中传输信息的载体，常用的传输介质分为有线传输介质和无线传输介质两大类。

（1）有线传输介质

指在两个通信设备之间实现物理连接的部分，它能将信号从一方传输到另一方，有线传输介质主要有双绞线、同轴电缆和光纤。双绞线和同轴电缆传输电信号，光纤传输光信号。

（2）无线传输介质

我们利用无线电波在自由空间的传播可以实现多种无线通信。在自由空间传输的电磁波根据频谱可分为无线电波、微波、红外线、激光等，信息被加载在电磁波上进行传输。

（3）常用网络传输介质

现代网络主要使用三种介质来连接设备并提供传输数据的途径。

①双绞线

双绞线（图2-1-6）简称TP，将一对以上的双绞线封装在一个绝缘外套中。为了降低信号的干扰程度，电缆中的每一对双绞线一般是由两根绝缘铜导线相互扭绕而成。双绞线分为非屏蔽双绞线（UTP）和屏蔽双绞线（STP）。

②光纤

光纤（图2-1-7）又称为光缆或光导纤维，由光导纤维纤芯、玻璃网层和能吸收光线的外壳组成。它是由一组光导纤维组成的用来传播光束的、细小而柔韧的传输介质。应用光学原理，由光发送机产生光束，将电信号变为光信号，再把光信号导入光纤，在另一端由光接收机接收光纤上传来的光信号，并把它变为电信号，经解码后再处理。

与其他传输介质比较，光纤的电磁绝缘性能好、信号衰减小、频带宽、传输速度快、传输

图 2-1-6　双绞线

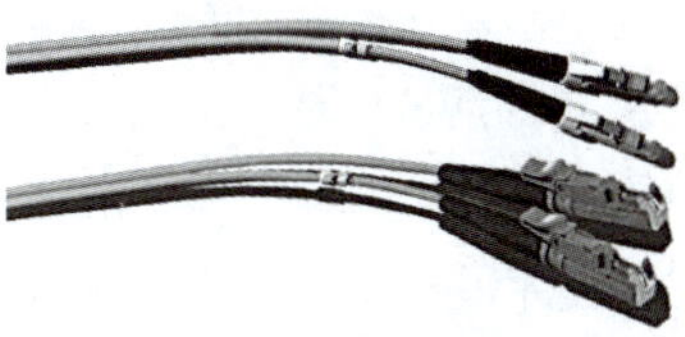

图 2-1-7　光纤

距离大，主要用于要求传输距离较长、布线条件特殊的主干网连接。具有不受外界电磁场的影响、无限制的带宽等特点，可以实现每秒几千兆位的数据传送，尺寸小、重量轻，数据可传送几百千米。

③无线电波

无线电波是指在自由空间（包括空气和真空）传播的射频频段的电磁波。无线电技术是通过无线电波传播声音或其他信号的技术。

利用这一现象，通过调制可将信息加载于无线电波之上。当电波通过空间传播到达收信端，电波引起的电磁场变化又会在导体中产生电流。通过解调将信息从电流变化中提取出来，以达到信息传递的目的。

2.1.7 制作双绞线电缆

双绞线电缆终接是网络布线工程中较为关键的步骤之一，它包括配线接续设备和工作区信息点处的安装施工。综合布线系统的故障绝大部分出现在链路的终接之处，故障不仅出现在某个终接处，也包含终接安装时不规范作业，如弯曲半径过小、开绞距离过长等引起的故障。故障会导致线缆的传输性能下降，甚至会出现无法连通的现象，对整个综合布线的质量产生极大影响。所以，安装和维护综合布线的技术人员，必须先进行严格培训，掌握安装技能。

（1）双绞线终接的要求

①缆线在终接前，必须核对缆线标识内容是否正确。

②缆线中间不应有接头。

③缆线终接处必须牢固、接触良好。

④双绞线电缆与连接器件连接应认准线号、线位色标，不得颠倒和错接。

⑤虽然安装电缆TIA时允许转弯，但端接安装中要尽量避免不必要的转弯，绝大多数的安装要求少于3个90° 转弯，在一个信息插座盒内允许有少数电缆的转弯及短（30cm）的盘圈。

⑥电缆剥除外护套后，双绞线在端接时应注意避免线对发散，避免线对叠合紧密缠绕。

⑦对于屏蔽双绞线，在剥除外护套时避免伤及双绞线绝缘层，屏蔽双绞线电缆的屏蔽层与连接器件终接处屏蔽罩应通过紧固器件可靠接触，缆线屏蔽层应与连接器件屏蔽罩360° 圆周接触，接触长度不宜小于10mm。屏蔽层不应用于受力的场合。

（2）RJ45水晶头制作标准

双绞线水晶头的制作方式有两种国际标准，分别为EIA/TIA568A和EIA/TIA568B。因此根据标准，双绞线的连接方法也主要有两种，分别为直通线缆以及交叉线缆。直通线缆就是水晶头两端都同时采用TIA568A标准或者TIA568B的接法，而交叉线缆则是水晶头一端采用TIA586A的标准制作，另一端采用TIA568B标准制作，即A水晶头的1、2对应B水晶头的3、6，而A水晶头的3、6对应B水晶头的1、2。

①TIA568A的线序是：白绿、绿、白橙、蓝、白蓝、橙、白棕、棕。

②TIA568B的线序是：白橙、橙、白绿、蓝、白蓝、绿、白棕、棕。

两种RJ45水晶头的连接方式均可采用，但在同一布线工程中两种连接方式不应混合使用。通常情况下在综合布线施工中采用TIA568B的线序进行水晶头的制作，如图2-1-8所示。

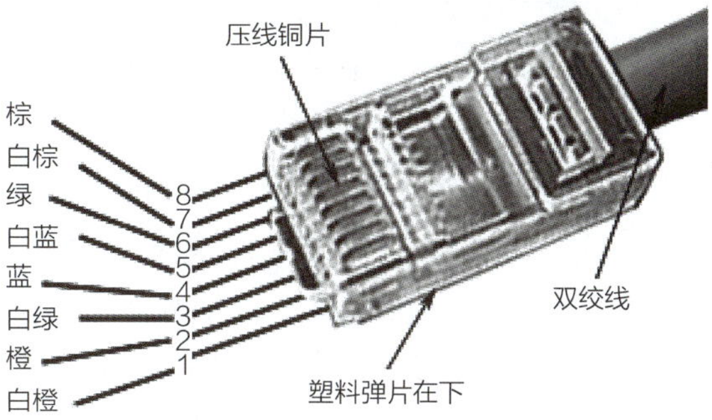

图 2-1-8 TIA568B 水晶头示意图

（3）超5类双绞线水晶头制作步骤

①剥除双绞电缆的外护套。用双绞线剥线器将双绞线外皮剥去20~30mm，把一部分的保护胶皮去掉，如图2-1-9所示。在这个步骤中需要注意剥除的外套不要过长或过短，若剥线过长，一方面看上去不美观，另一方面水晶头只卡住双绞线而没有卡住外套，水晶头插针容易松动；若剥线过短，则因有保护层塑料的存在，不能完全插到水晶头底部，造成水晶头插针不能与网线芯线完好接触，从而影响线路的质量。

②将双绞线按线序标准排列好。把每对都是相互缠绕在一起的线缆逐一解开，解开后则根据需要接线的规则把几组线缆依次地排列好并理顺，排列的时候应该尽量避免线路的缠绕和重叠，如图2-1-10所示。由于线缆之前是相互缠绕着的，因此线缆会有一定的弯曲，将线缆依次排列并理顺后，接着应该把线缆尽量扯直并尽量保持线缆平扁。方法是利用双手抓着线缆，然后向两个相反方向用力，并上下扯一下即可。

③将双绞线裁剪整齐。将线缆依次排列好并理顺压直之后，应该仔细检查一遍线序有无错误，之后利用压线钳的剪线刀口把线缆顶部裁剪整齐，如图2-1-11所示。需要注意的是裁剪的时候应该是水平方向插入，否则线缆长度不一会影响线缆与水晶头的正常接触。若之前把保护层剥下过多，可以在这里将过长的细线剪短，保留的去掉外层保护层的部分约14mm，这个长度正好能将各细导线插入到各自的线槽。如果该段留得过长，一来会由于线对不再互绞而增加串扰，二来会由于水晶头不能压住护套而可能导致电缆从水晶头中脱出，造成线路的接触不良甚至中断。

裁剪之后，应该尽量把线缆按紧，并且应该避免大幅度的移动或者弯曲网线，否则可能会导致几组已经排列且裁剪好的线缆出现不平整的情况。

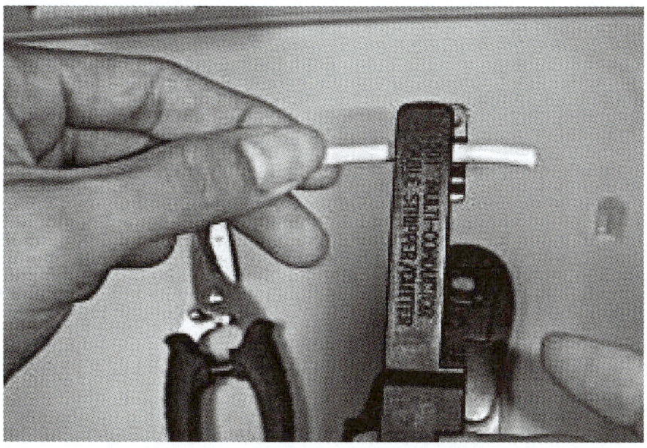

图 2-1-9 剥除双绞线电缆的外护套

图 2-1-10 排列好的双绞线

④将整理好的线缆插入水晶头内。需要注意的是要将水晶头有塑料弹簧片的一面向下，有针脚的一方向上，使有针脚的一端指向远离自己的方向，有方型孔的一端对着自己。此时，最左边的是第1脚，最右边的是第8脚，如图2-1-12所示，其余依次顺序排列。插入的时候需要注意缓缓用力，把8条线缆同时沿RJ-45头内的8个线槽插入，一直插到线槽的顶端。可以从水晶头的顶部检查，看看是否每一组线缆都紧紧地顶在水晶头的末端。

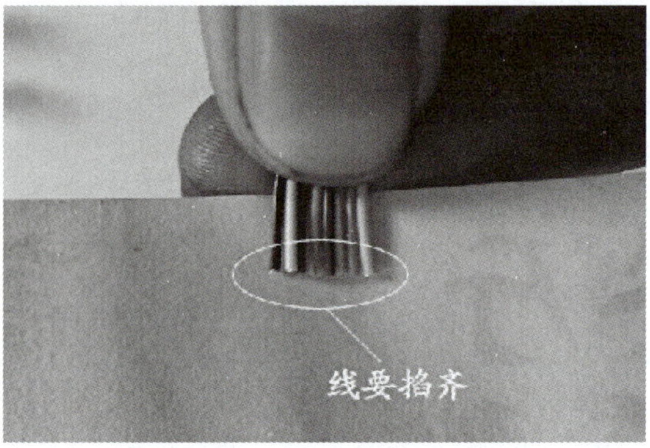

图 2-1-11 将双绞线剪齐

⑤用压线钳压实水晶头。确认无误之后就可以把水晶头插入压线钳的8P槽内压线了，如图2-1-13所示，把水晶头插入后，用力握紧压线钳，若力气不够的话，可以使用双手一起压，其作用是让水晶头凸出在外面的针脚全部压入水晶并头内，受力之后听到轻微的“啪”一声即可，压线之后水晶头凸出在外面的针脚全部压入水晶并头内，而且水晶头下部的塑料扣位也压紧在网线的灰色保护层之上。

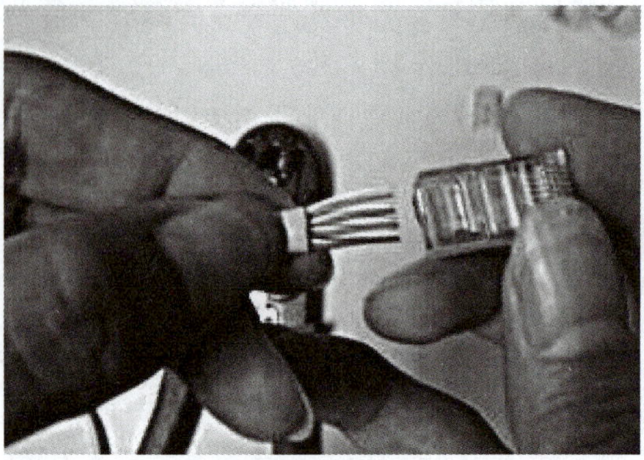
图 2-1-12 将整理好的线缆插入水晶头内

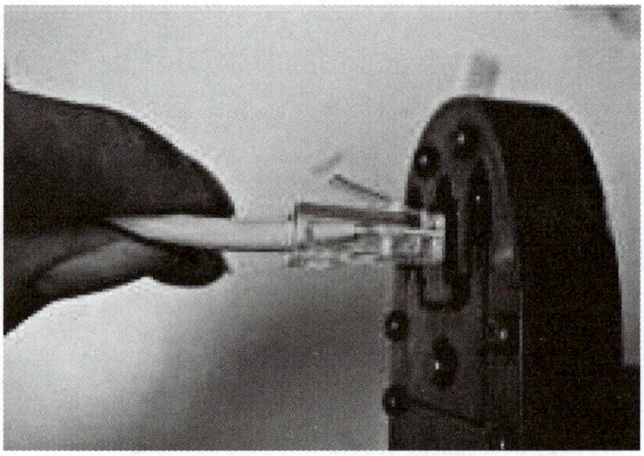
图 2-1-13 用压线钳压实水晶头

任务实施

任务2.1 制作双绞线

任务描述

小张要进行企业的综合布线安装，首先要制作双绞线。要求网线长度误差控制在±5mm以内，线序正确，压接护套到位，剪掉牵引线，符合国家标准GB 50312—2016规定，网线测试合格。

任务准备

预习操作过程，准备好压线钳、网线、RJ45水晶头等工具。

任务指导

直通线和交叉线分别应用于网络连接的不同场合，其余符合以下要求：

①制作1根超五类或六类非屏蔽铜缆直通网线，TIA568B-TIA568B线序，长度500mm。

②制作1根超五类或六类非屏蔽铜缆交叉网线，TIA568A-TIA568B线序，长度500mm。

③用测试仪检测。

④完成实训报告。

任务总结

要求撰写实训总结时，把完成任务过程中遇到的问题与解决方法、未解决或需要进一步探讨的问题，以及任务实践过程中的收获和经验教训的内容写入实验报告并提交。

实验报告形式可参考表2-1-1。

表2-1-1　×××实训报告

<table>
<tr><td>班级</td><td></td><td>姓名</td><td></td><td>学号</td><td></td></tr>
<tr><td>指导老师</td><td></td><td>日期</td><td></td><td>项目组号</td><td></td></tr>
<tr><td colspan="6">同组组员</td></tr>
<tr><td colspan="6">一、实验目的
1. 了解 ××× 的构成
2. 掌握 ××× 的方法
……</td></tr>
<tr><td colspan="6">二、实验工具
1. ×××
2. ×××
……</td></tr>
<tr><td colspan="6">三、实训内容及步骤
步骤 1　×××
步骤 2　×××
……</td></tr>
<tr><td colspan="6">四、实训操作记录及心得体会
（记录实训中操作的过程，总结成功经验及测试结果）
……</td></tr>
</table>

任务2.2
设计企业综合布线系统

任务书

任务	任务 2.2 设计企业综合布线系统	所属项目	项目 2 企业网络布线
任务描述	徐工安排小张设计企业网络的综合布线系统，并提醒他施工不能盲目地进行，要以设计方案为依据。在进行网络布线施工前，一定要做好准备工作，比如相关制度的制定，相关工具及材料的准备，在进行施工时要注意施工安全，并且要按规范施工；根据任务 1.3 所做的网络需求分析结果，进行综合布线的系统设计和施工设计，为下一步的施工做好准备。		
学习产品	网络布线的系统图、端口对应表、施工图、材料表		
学习要求	一、预习任务 1. 综合布线系统的子系统。 2. 综合布线工程常用的符号和缩略词（能说出至少 5 个）。 3. 综合布线工程的基本设计项目。 4. 综合布线系统图的设计要点与设计步骤。 5. 综合布线施工图的设计要点与设计步骤。 6. 综合布线工程信息点端口对应表的设计要点与设计步骤。 7. 综合布线工程材料表的设计要点与设计步骤。 二、使用 Visio 软件绘图技能 三、掌握综合布线的设计方法与步骤		

知识准备

2.2.1 标准的重要性和类别

（1）标准的重要性

综合布线工程的设计是建筑重要组成部分，直接影响建筑物的使用功能，也直接影响工程总造价和工程质量。因此，在实际工程项目设计中，设计人员必须依据相关国家标准和地方标准等进行设计。

（2）标准的分类

在实际综合布线系统工程中，各国都是参照国际标准，制定适合自己的国家标准。中国综合布线工程常用的国内技术标准有中国国家标准、技术规程等技术文件。

（3）现行标准

中国综合布线行业的标准由住房和城乡建设部归口和立项，中国工程建设标准化协会组织编写，中华人民共和国住房和城乡建设部、国家质量监督检验检疫总局联合发布。2017年4月1日正式实施两项国家标准，分别为：GB 50311—2016《综合布线系统工程设计规范》、GB 50312—2016《综合布线系统工程验收规范》。

目前，中国工程建设标准化协会发布了若干标准文件，以满足综合布线技术的快速发展和市场需求，相关标准文件如下：

数据中心网络布线技术规程 T/CECS 485—2017。

城市住宅建筑综合布线系统工程设计规范 CECS 119：2000。

宽带光纤接入工程技术标准 GB/T 51380—2019。

智能建筑工程检测规程 CECS 182：2005。

2.2.2　综合布线工程设计相关规范内容

2.2.2.1　综合布线系统设计

综合布线系统应为开放式网络拓扑结构，应能支持语音、数据、图像、多媒体业务等信息的传递，综合布线系统工程宜按下列七个部分进行设计。

工作区：一个独立的需要设置终端设备（TE）的区域宜划分为一个工作区。工作区包括信息插座模块（TO）、终端设备处的连接缆线及适配器。

配线子系统：配线子系统应由工作区内的信息插座模块、信息插座模块至电信间配线设备（FD）的水平缆线、电信间的配线设备及设备缆线和跳线等组成。

干线子系统：干线子系统应由设备间至电信间的主干缆线，安装在设备间的建筑物配线设备（BD）及设备缆线和跳线组成。

建筑群子系统：建筑群子系统应由连接多个建筑物之间的主干缆线、建筑群配线设备（CD）及设备缆线和跳线组成。

设备间：设备间是在每幢建筑物的适当地点进行配线管理、网络管理和信息交换的场地。对于综合布线系统工程设计，设备间主要安装建筑物配线设备、电话交换机、建筑群配线设备、以太网交换机、计算机网络设备。入口设施也可安装在设备间。

进线间：进线间是建筑物外部信息通信网络管线的入口部位，并可作为入口设施和建筑群配线设备的安装场地。

管理：管理应对工作区、电信间、设备间、进线间、布线路径环境中的配线设备、缆线、信息插座模块等设施按一定的模式进行标识、记录和管理。

2.2.2.2 综合布线系统的构成

综合布线系统的构成

（1）基本构成（图2-2-1）

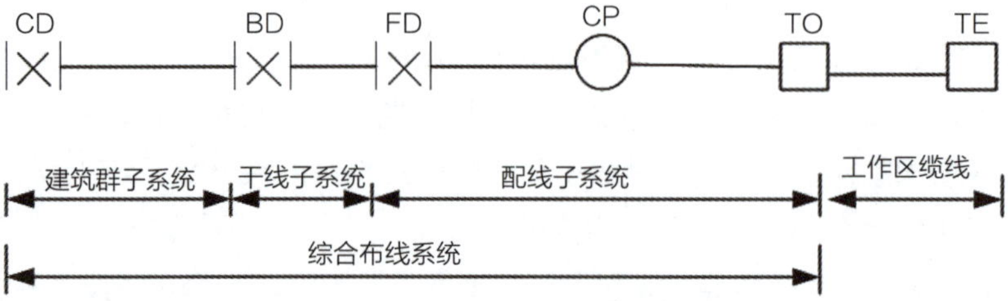

图 2-2-1 综合布线系统基本构成

注：配线子系统中可以设置集合点（CP），也可不设置集合点。

（2）子系统构成（图2-2-2）

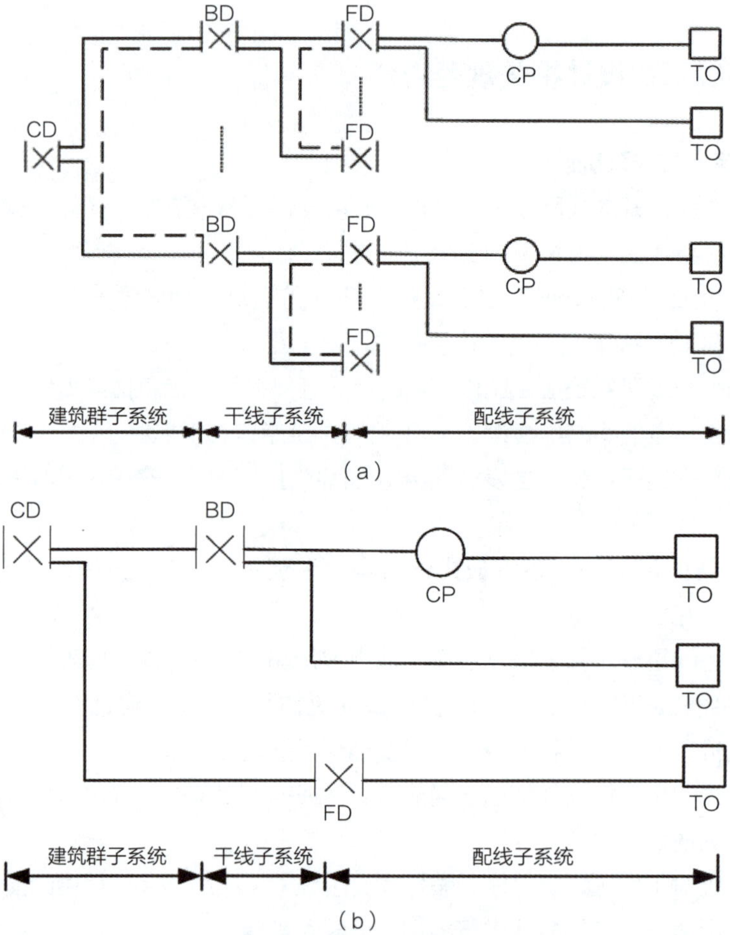

图 2-2-2 综合布线子系统构成

注 1：图中的虚线表示 BD 与 BD 之间，FD 与 FD 之间可以设置主干缆线。

注 2：建筑物 FD 可以经过主干缆线直接连至 CD，TO 也可以经过水平缆线直接连至 BD。

2.2.3　综合布线工程常用符号和缩略词

综合布线工程常用符号和缩略词如表2-2-1所示。

表2-2-1　综合布线工程常用符号和缩略词

英文缩写	英文名称	中文名称或解释
BD	Building Distributor	建筑物配线设备
CD	Campus Distributor	建筑群配线设备
CP	Consolidation Point	集合点
EIA	Electronic Industries Association	美国电子工业协会
FD	Floor Distributor	楼层配线设备
FEXT	Far End Crosstalk Attenuation（loss）	远端串音
IEC	International Electrotechnical Commission	国际电工技术委员会
IEEE	the Institute of Electrical and Electronics Engineers	美国电气及电子工程师学会
IP	Internet Protocol	因特网协议
ISDN	Integrated Services Digital Network	综合业务数字网
ISO	International Organization for Standardization	国际标准化组织
OF	Optical Fibre	光纤
SC	Subscriber Connector（optical fibre connector）	用户连接器件（光纤活动连接器件）
SFF	Small Form Factor Connector	小型连接器
TE	Terminal Equipment	终端设备
TO	Telecommunications Outlet	信息点
TIA	Telecommunications Industry Association	美国电信工业协会

2.2.4　网络综合布线工程常用名词术语

（1）水平缆线

楼层配线设备到信息点之间的连接缆线。如果链路中存在CP时，水平缆线为管理间配线设备到CP之间的连接缆线。图2-2-3为GB 50311—2016《综合布线系统工程设计规范》中

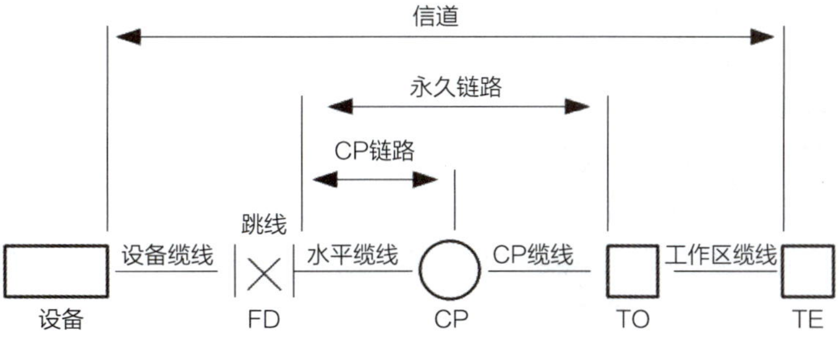

图 2-2-3　布线系统信道和链路构成图

布线系统信道和链路构成图，允许在永久链路的水平缆线安装施工中增加CP。

（2）集合点（Consolidation Point，CP）

楼层配线设备与工作区信息点之间水平缆线路由中的连接点。

GB 50311—2016《综合布线系统工程设计规范》标准中专门定义和允许CP，以解决工程实际布线施工中的管路堵塞等问题。

在实际工程安装施工中，一般很少使用CP，因为增加CP可能影响工程质量，还会增加施工成本，也会影响施工进度。

（3）CP缆线

连接CP至工作区信息点的缆线。

（4）CP链路

楼层配线设备与CP之间，包括两端的连接器件在内的永久性的链路。

（5）链路

一个CP链路或是一个永久链路。

（6）永久链路

信息点与楼层配线设备之间的传输线路。它不包括工作区缆线和连接楼层配线设备的设备缆线、跳线，但可以包括一个CP链路。

（7）信道

连接两个应用设备的端到端的传输通道。信道包括设备缆线和工作区缆线。在实际工程中，信道就是从管理间交换机端口到终端设备端口之间的连线及配线设备，信道测试时必须包括管理间设备缆线、水平缆线和工作区缆线三段路由。

（8）工作区

需要设置终端设备的独立区域。在实际工程应用中也就是一个网络插口为一个独立的工作区，而不是一个房间为一个工作区，在一个房间往往会有多个工作区。

（9）连接器件

用于连接电缆线对和光缆光纤的一个器件或一组器件。常用的电缆连接器件有RJ45水晶头、鸭嘴接头、RJ45模块等。常用的光缆连接器件有ST接头、SC接头、FC接头等。

（10）光纤适配器

将光纤连接器件实现光学连接的器件。业界也称为光纤耦合器。

（11）信息点

缆线终接的信息插座模块。注意这里定义的“信息点”只是安装后的模块，而不是整个信息插座，也不是信息面板。

（12）设备电缆

通信设备连接到配线设备的电缆。

（13）跳线

不带连接器件或带连接器件的电缆线对和带连接器件的光纤，用于配线设备之间的连接。

（14）缆线

电缆和光缆的统称。

(15) 光缆

由单芯或多芯光纤构成的缆线。

(16) 线对

由两个相互绝缘的导体对绞组成，通常是一个对绞的线对。

(17) 接插软线

一端或两端带有连接器件的软电缆。

2.2.5　综合布线工程设计

综合布线工程基本设计项目：

- 点数统计表编制
- 系统图设计
- 端口对应表设计
- 施工图设计
- 材料表编制
- 预算表编制
- 施工进度表编制

结构设计主要设计建筑物的基础和框架结构，例如楼层高度、柱间距、楼面荷载等主体结构内容。

土建设计依据结构设计图纸，主要设计建筑物的隔墙、门窗、楼梯、卫生间等，决定建筑物内部的使用功能和区域分割。

水暖设计依据土建设计图纸，主要设计建筑物的上水和下水管道的直径、阀门和安装路由等，在北方地区还要设计冬季暖气管道的直径、阀门和安装路由等。

强电设计主要设计建筑物内部380V或者220V电力线的直径、插座位置、开关位置和布线路由等，确定照明、空调等电气设备插座位置等。

弱电设计包括计算机网络系统、通信系统、广播系统、门禁系统、监控系统等智能化系统线缆规格、接口位置、机柜位置、布线埋管路由等。

在智能化建筑项目的设计中，弱电系统的布线设计一般为最后一个工作，这是因为弱电系统属于智能建筑的基础设施，也直接关系到建筑物的实际使用功能，设计也非常重要，也最为复杂。

2.2.6　综合布线系统图设计

综合布线系统图设计

综合布线系统图非常重要，它直接决定网络应用拓扑图，反映信息点的连接关系。综合布线系统图是智能建筑设计蓝图中必有的重要内容，一般在电气施工图册的弱电图纸部分的首页。

2.2.6.1 设计要点

（1）图形符号必须正确

GB 50311—2016《综合布线系统工程设计规范》中使用的图形符号如下。

“|×|”代表网络设备和配线设备，左右两边的竖线代表网络配线架，例如光纤配线架，铜缆配线架，中间的“×”代表网络交互设备，例如网络交换机。

“□”代表网络插座，例如单口网络插座，双口网络插座等。

“—”代表缆线，例如室外光缆，室内光缆，双绞线电缆等。

（2）连接关系清楚

设计系统图的目的就是为了规定信息点的连接关系，因此必须按照相关标准规定，清楚地给出信息点之间的连接关系。这些连接关系实际上决定网络拓扑图。

（3）缆线型号标记正确

在系统图中要将CD—BD、BD—FD、FD—TO之间设计的缆线规定清楚，特别要标明是光缆还是电缆。系统中规定的缆线也直接影响工程总造价。

（4）说明完整

系统图设计完成后，必须在图纸的空白位置增加设计说明。

（5）图面布局合理

任何工程图纸都必须注意图面布局合理，比例合适，文字清晰。

（6）标题栏完整

标题栏是任何工程图纸都不可缺少的内容，一般在图纸的右下角。标题栏一般至少包括以下内容。

①建筑工程名称。

②项目名称。

③工种。

④图纸编号。

⑤设计人签字。

⑥审核人签字。

⑦审定人签字。

2.2.6.2 设计步骤

（1）创建Visio绘图文件

首先打开程序，创建一个Visio绘图文件，同时给该文件命名，例如命名为：“01-新华网络综合布线工程教学模型系统图”。

（2）绘制配线设备图形

在页面合适位置绘制建筑群配线设备（CD）、建筑物配线设备（BD）、楼层管理间配线设备（FD）和工作区网络插座（TO）。

（3）设计网络连接关系

用直线或折线把CD—BD、BD—FD、FD—TO符号连接起来，这样就能清楚提示CD—BD、BD—FD、FD—TO之间的连接关系，这些连接关系实际上决定网络拓扑图。

（4）添加设备图形符号和说明

为了方便快速阅读图纸，一般在图纸中需要添加图形符号和缩略词的说明，通常使用英文缩略词，再把图中的线条用中文标明。

（5）设计说明

为了更加清楚地说明设计思想，一般要在图纸的空白位置增加设计说明，重点说明特殊图形符号和设计要求。

（6）设计标题栏

标题栏是工程图纸不可缺少的内容，一般在图纸的右下角。标题栏为一个典型应用实例，包括以下内容。

①项目名称。

②图纸类别。

③图纸编号。

④设计单位。

⑤设计人签字。

⑥审核人签字。

⑦审定人签字，如图2-2-4所示。

设计说明

1. CD表示建筑群配线设备。
2. BD表示建筑物配线设备。
3. FD表示楼层管理间配线设备。
4. TO表示网络信息插座。
5. “|×|”表示配线设备，CD和BD为光纤配线架，FD为光纤配线架或电缆配线架。
6. 图形“□”表示网络插座，可以选择单口或者双口网络插座。
7. “—”表示缆线，CD—BD为四芯单模室外光缆，BD—FD为四芯多模室内光缆或者双绞线电缆，FD—TO为双绞线电缆。
8. CD—BD为室外埋管布线，BD—FD1为地下埋管布线，BD—FD2、BD—FD3为沿建筑物墙体埋管布线，FD—TO一层为地面埋管布线，沿隔墙暗管布线到TO插座底盒；二层为明槽暗管布线方式，楼道为明装线槽或者桥架，室内沿隔墙暗管布线到TO插座底盒；三层在楼板中隐蔽埋管或者在吊顶上暗装桥架，沿隔墙暗管布线到TO插座底盒。
9. 在两端预留缆线，方便端接。在TO底盒内预留0.2m，在CD、BD、FD配线设备处预留2m。

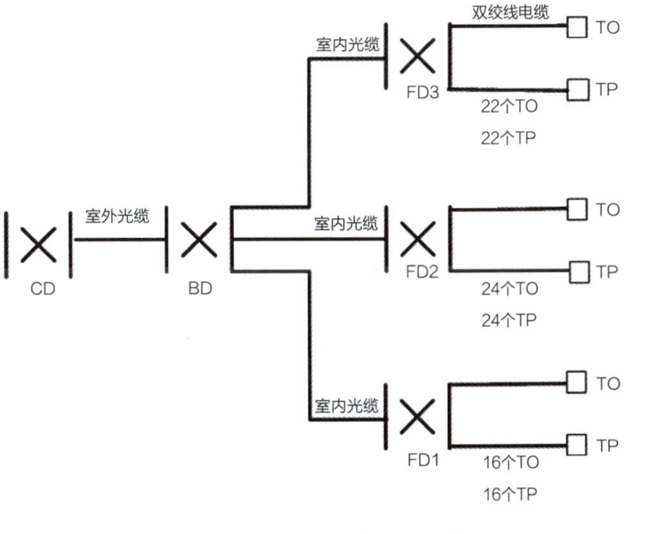

共计124个信息点，62个语音节点，62个数据节点

教学模型系统图			图纸类别	电施
设计	张强	2022.4.10	图纸编号	01-2
审核	王华	2022.4.20		
审定	江桥	2022.5.10		

图 2-2-4　网络综合布线系统图

2.2.7 综合布线工程信息点端口对应表的编制

信息点端口对应表的编制

端口对应表是综合布线施工必需的技术文件，主要规定房间编号，每个信息点的编号，配线架编号，端口编号，机柜编号等，主要用于系统管理、施工方便和后续日常维护。

2.2.7.1 设计要点

①表格设计合理；②编号正确；③文件名称正确；④签字和日期正确。

2.2.7.2 设计步骤

（1）文件命名和表头设计

如表2-2-2所示，文件名称为“03-企业综合布线系统端口对应表”，项目名称为“企业综合布线系统”，建筑物名称为“××楼”，楼层为“一楼FD1机柜”，文件编号为“XH03-2-1”。

（2）设计表格

如表2-2-2所示，共设计7列，第一列为“序号”，第二列为“信息点编号”，第三列为“机柜编号”，第四列为“配线架编号”，第五列为“配线架端口编号”，第六列为“插座底盒编号”，第七列为“房间编号”。

表2-2-2 企业综合布线系统端口对应表（部分）

03-企业综合布线系统端口对应表

项目名称：企业综合布线系统　　建筑物名称：××楼

楼层：一楼 FD1 机柜　　文件编号：XH03-2-1

序号	信息点编号	机柜编号	配线架编号	配线架端口编号	插座底盒编号	房间编号
1	FD1-1-1-1Z-11	FD1	1	1	1	11
2	FD1-1-2-1Y-11	FD1	1	2	1	11
3	FD1-1-3-1Z-12	FD1	1	3	1	12
4	FD1-1-4-2Z-12	FD1	1	4	2	12
5	FD1-1-5-2Y-12	FD1	1	5	2	12
6	FD1-2-1-1Z-13	FD1	2	1	1	13
7	FD1-2-2-1Z-14	FD1	2	2	1	14
8	FD1-2-3-2Z-14	FD1	2	3	2	14
9	FD1-2-4-1Z-15	FD1	2	4	1	15
10	FD1-2-5-1Y-15	FD1	2	5	1	15
…	…	…	…	…	…	…

编制人签字：张强　　审核人签字：王华　　审定人签字：江桥

编制单位：黑林网络公司　　日期：2022 年 4 月 10 日

（3）填写机柜编号

企业综合布线系统中××楼为四层结构，而且一层管理间只有1个机柜，图中标记为FD1，因此我们就在表格中“机柜编号”栏全部行填写“FD1”。

（4）填写配线架编号

企业一层共设计有29个信息点。设计中一般会使用2个24口配线架，如表2-2-2进行分配。

（5）填写配线架端口编号

一般每个信息点对应一个端口，一个端口只能端接一根双绞线电缆。因此我们就在表格中“配线架端口编号”栏从上向下依次填写“1”“2”……数字。

（6）填写插座底盒编号

一般按照顺时针方向从1开始编号。一般每个底盒设计和安装双口面板插座，因此我们就在表格中“插座底盒”编号栏从上向下依次填写“1”“2”等数字。

（7）填写房间编号

一般用2位或者3位数字编号，第一位表示楼层号，第二位为房间顺序号。企业中每层只有7个房间，所以就用2位数编号，例如一层分别为11、12……17。

（8）填写信息点编号

把每行第三栏至第七栏的数字或者字母用“—”连接起来填写在“信息点编号”栏。特别注意双口面板一般安装2个信息模块，为了区分这2个信息点，一般左边用“Z”，右边用“Y”标记加以区分，如图2-2-5所示。

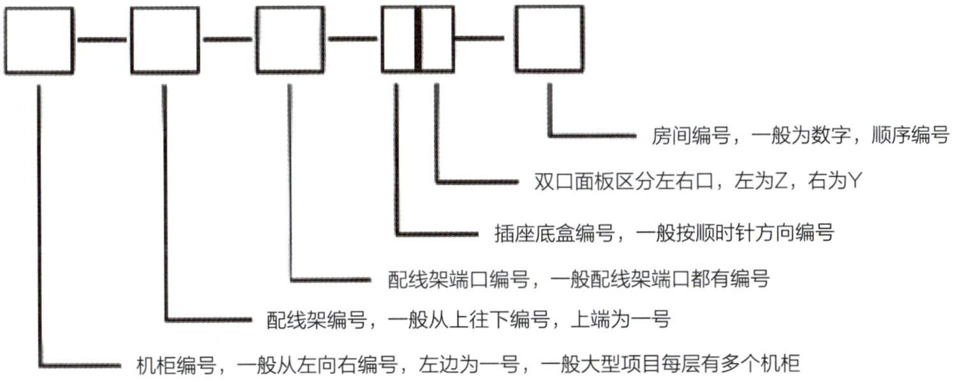

图 2-2-5　信息点编号规定

（9）填写编制人和单位等信息

在端口对应表的下面必须填写“编制人”“审核人”“审定人”“编制单位”“日期”等信息，参考如下。

编制人签字：填写人　　**审核人签字：**组长名　　**审定人签字：**技术总监（教师）名

编制单位：黑林网络公司　　**时间：**当前时间

2.2.8 施工图设计

施工图设计的目的就是规定布线路由在建筑物中安装的具体位置，一般使用平面图。

2.2.8.1 设计要点

①图形符号必须正确。

施工图设计的图形符号，首先要符合相关建筑设计标准和图集规定。

②布线路由合理正确。

施工图设计了全部缆线和设备等器材的安装管道、安装路径、安装位置等，也直接决定了工程项目的施工难度和成本。

③位置设计合理正确。

在施工图中，对穿线管、网络插座、桥架等的位置设计要合理，符合相关标准规定。

④说明完整。

⑤图面布局合理。

⑥标题栏完整。

2.2.8.2 设计步骤

（1）创建Visio绘图文件

首先打开程序，选择创建一个Visio绘图文件，同时给该文件命名，例如命名为：“03-企业二层施工图”。把图面设置为A4横向，比例为1:10，单位为mm。

（2）绘制建筑物平面图

按照企业实际尺寸，绘制出建筑物二层平面图，如图2-2-6所示。

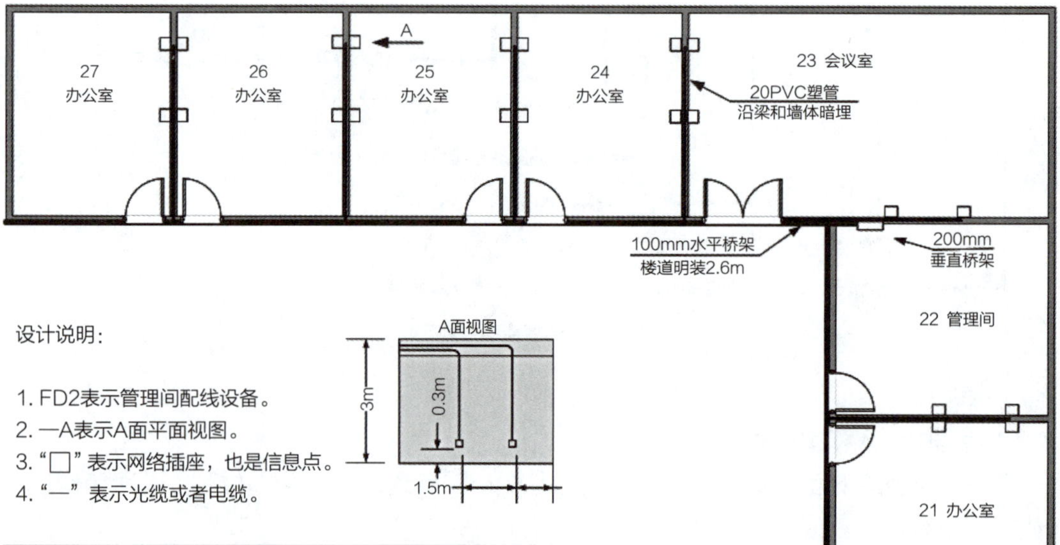

教学模型系统图			图纸类别	电施
设计	张强	2016.8.15	图纸编号	02-2
审核	王华	2016.8.15	黑林网络公司	
审定	江桥	2016.8.15		

图 2-2-6 企业二层施工图

（3）设计信息点位置

根据点数统计表中每个房间的信息点数量，设计每个信息点的位置。

（4）设计管理间位置

楼层管理间的位置一般紧靠建筑物设备间，该教学模型的建筑物设备间在一层11号房间，一层管理间在隔壁的12号房间，垂直子系统桥架也在12号房间，因此我们就把二层的管理间安排在22号房间。

（5）设计配线子系统布线路由

二层采取楼道明装100mm水平桥架，过梁和墙体暗埋20PVC塑料管到信息插座。墙体两边房间的插座共用PVC管，在插座处分别引到两个背对背的插座。

（6）设计干线子系统路由

该建筑物的设备间位于一层的12号房间，使用200mm桥架，沿墙垂直安装到二层22号房间和三层32号房间，并且与各层的管理间机柜连接。

（7）设计局部放大图

如图2-2-6所示，设计了25号房间A向视图，标注了具体的水平尺寸和高度尺寸。

（8）添加文字说明

如图2-2-6所示，添加了“100mm水平桥架楼道明装2.6m”“20PVC塑管沿梁和墙体暗埋”，并且用箭头指向说明位置。

（9）增加设计说明

（10）设计标题栏

2.2.9 编制材料表

2.2.9.1 设计要点

编制材料表的一般要求如下。

①表格设计合理。

②文件名称正确。

③材料名称和型号正确。

④材料规格齐全。

⑤材料数量满足需要。

⑥考虑低值易耗品。

⑦签字和日期正确。

2.2.9.2 设计步骤

（1）文件命名和表头设计

如表2-2-3所示，基本信息填写在表格里，文件名称为“04-××企业综合布线系统二层布线材料表”。

表2-2-3 企业综合布线系统二层布线材料表

04-××企业综合布线系统二层布线材料表

项目名称：××企业综合布线　　建筑物名称：××楼
楼层：二楼　　文件编号：XH04-2-1

序号	材料名称	型号或规格	数量	单位	品牌	说明
1	网络电缆	超五类非屏蔽室内电缆	2	箱	新华	305米/箱
2	信息插座底盒	86型透明	12	个	新华	双口
3	信息插座面板	86型透明	12	个	新华	带螺丝2个
4	网络模块	超五类非屏蔽	12	个	新华	
5	语音模块	RJ11	12	个	新华	
6	线槽	39×18/20×10	3.5/4	米	新华	
7	线槽直角	39×18/20×10	0/4	个	新华	
8	线槽堵头	39×18/20×10	2/1	个	新华	
9	线槽阴角	39×18/20×10	1/1	个	新华	
10	线槽阳脚	39×18/20×10	1/0	个	新华	
11	线槽三通	39×18/20×10	0/1	个	新华	
12	安装螺丝	M6×16	20	个	新华	

编制人签字：张强　　审核人签字：王华　　审定人签字：江桥
编制单位：黑林网络公司　　日期：2023年9月10日

（2）填写序号栏

序号直接反映该项目材料品种的数量。一般自动生成，使用“1”“2”等数字，不要使用“一”“二”等。

（3）填写材料名称栏

材料名称必须正确，并且使用规范的名词术语。例如表2-2-3中，第1行填写“网络电缆”，不能只写“电缆”或者“缆线”等。

（4）填写材料型号或规格栏

名称相同的材料，往往有多种型号或者规格，就网络电缆而言，就有五类、超五类和六类，屏蔽和非屏蔽，室内和室外等多个规格。例如表2-2-3第1行就填写“超五类非屏蔽室内电缆”。

（5）填写材料数量栏

材料数量中，必须包括网络电缆、模块等余量，对有独立包装的材料，一般按照最小包装数量填写，数量必须为“整数”。

（6）填写材料单位栏

材料单位一般有“箱”“个”“件”等，必须准确，例如PVC线管如果只有数量“200”，没有单位时，采购人员就不知道是200米，还是200根。

（7）填写材料品牌或厂家栏

同一种型号和规格的材料，不同的品牌或厂家，产品制造工艺往往不同，质量也不同，价格差别也很大，因此必须根据工程需求，在材料表中明确填写品牌和厂家。

（8）填写说明栏

说明栏主要是把容易混淆的内容说明清楚，例如表2-2-3中第1行网络电缆说明“305米/箱”。

（9）填写编制者信息

在表格的下边，需要增加文件编制者信息，文件打印后签名，对外提供时还需要单位盖章。

任务实施

任务2.2　设计网络综合布线系统

任务描述

企业设计综合布线系统，需要点数统计表、系统图设计、端口对应表、施工图、材料表、预算表、施工进度表几个文件，本次任务需要根据企业情况完成系统图设计、端口对应表、施工图、材料表并提交实训报告。

任务准备

计算机，Visio软件，Excel软件。

任务指导

1. 综合布线系统图设计

操作步骤参见2.2.6综合布线系统图设计。

2. 综合布线工程信息点端口对应表的编制

操作步骤参见2.2.7综合布线工程信息点端口对应表的编制。

3. 施工图设计

操作步骤参见2.2.8施工图设计。

4. 编制材料表

操作步骤参见2.2.9编制材料表。

任务总结

要求撰写实训总结时，把完成任务过程中遇到的问题与解决方法、未解决或需要进一步探讨的问题，以及任务实践过程中的收获和经验教训的内容写入实验报告并提交。

拓展阅读

中国网络高速发展，成就辉煌

从互联网用户数和普及率看，根据中国互联网络信息中心（CNNIC）发布的报告，截至2022年12月，我国网民规模达10.67亿，较2021年12月增长3549万，互联网普及率达75.6%。这一数据表明中国是全球互联网用户数和普及率较高的国家之一。

工信部最新数据显示，截至2023年4月底，5G基站总数达273.3万个，网络规模全球第一，而且5G应用已融入近六成国民经济大类。中国在5G网络覆盖和应用方面领先于其他国家。

中国网络的发展速度和成就，在全球范围内都是领先的。中国政府在互联网领域的政策和监管措施，以及中国企业在互联网领域的创新和投入，都得到了广泛的认可和赞誉。中国网络的发展成就，不仅体现在互联网基础设施的建设和互联网技术的创新方面，也体现在互联网应用的发展和普及方面。中国在互联网娱乐、社交、电商、金融等领域的发展，都取得了显著的成就。这一切，离不开中国政府的科教兴国战略，离不开中国的科研技术人员在网络技术、应用和创新方面的不断探索和突破，为中国网络的发展提供了强大的技术支撑和推动力。

项目习题

简答题

1. 简述通信的概念。
2. 简述数据的概念，信息的概念，数据与信息的关系。
3. 如何区分数字信号与模拟信号？
4. 试解释并行通信与串行通信。
5. 试解释并区分单工、半双工、全双工通信。
6. 数据交换技术主要有哪几种？
7. 传输介质有哪几种？
8. 简述双绞线的 EIA/TIA568A 以及 EIA/TIA568B 线序。
9. 综合布线系统可以分成哪几个子系统？
10. 简述综合布线工程常用的符号和缩略词（能说出至少 5 个）。
11. 综合布线工程基本设计项目包括哪 7 个？

项目 3

网络 IP 地址规划与子网划分

03

学习目标

掌握OSI参考模型的分层结构与各层功能。
掌握TCP/IP参考模型的分层结构与各层功能。
理解OSI参考模型与TCP/IP模型的区别。
理解并掌握IP地址与子网规划。

思政目标

培养学生勤于思考的意识和创新能力，养成良好的思维习惯。
培养学生举一反三的学习意识，努力成为高素质的技能人才。
培养学生科学严谨的态度，在实践中提高自己的专业技能和职业素养。

项目情景

公司承接了一个中型网络规划设计项目，为某公司综合办公楼规划设计网络。某公司有一综合办公楼，现需要为楼内各类办公室按业务要求分别配置信息接入点，分配IP地址，满足日常办公需求。请为该公司综合办公楼规划设计网络，进行网络划分，以满足实际需求。

项目分析

通常来讲，某公司综合办公楼的网络规划设计需要完成局域网中的VLAN划分、IP地址的合理规划和利用，需要提前掌握OSI七层参考模型、TCP/IP协议、五类IP的划分、子网掩码、CIDR等基础网络知识，为下一步网络规划设计打好基础。

解决思路

接到某公司综合办公楼网络规划设计项目后，公司派技术人员与客户洽谈，了解一些基本信息，如企业的人数、需要的信息点的数量及种类等，形成文档与材料。

在本项目中，公司需完成以下任务：

- 任务3.1 双机互联对等网络的组建
- 任务3.2 IP地址规划

任务3.1
双机互联对等网络的组建

任务书

任务	任务 3.1 双机互联对等网络的组建	所属项目	项目 3 网络 IP 地址规划与子网划分
任务描述	某公司综合办公楼进行网络规划设计，现需要为各类办公室按业务要求分别配置信息接入点，分配 IP 地址，满足日常办公需求。徐工想了解一下小张对计算机网络系统的熟悉情况，布置任务让小张组建双机互联对等网络。		
学习产品	双机互联对等网络		
学习要求	一、预习任务 1. 协议在计算机网络中的作用，OSI 参考模型的作用。 2. 为什么说 OSI 是参考模型，以及使用它有什么好处。 3. OSI 采用分层结构的目的。 4. OSI 分几层，各层的主要功能。 5. 帧的概念。它与物理层的比特有什么联系和区别。 6. 数据在介质中传输时，以独立的数据包形式，而不以连续流的方式的原因。 7. 网络层的作用，它和链路层的数据传输的区别。 8. TCP/IP 模型和 OSI 参考模型的异同点。 二、组建双机互联对等网络		

知识准备

3.1.1 开放系统互联参考模型（OSI）

OSI参考模型和协议

计算机网络的高速发展和应用，使不同的硬件、不同的软件、不同的系统互联成为可能，也是网络技术发展的大势所趋。要实现互联互通，就要解决硬件、软件及过程等方面的标准化问题，并由此产生了网络协议和网络体系结构。

（1）OSI的分层特性和划分层次原则

20世纪70年代，开始有公司建立自己公司内部的网络体系结构，但这些体系结构层次的划分、功能的分配及采用的技术均不相同，往往只能实现本公司产品之间的正常连接。为了实现不同厂家生产的计算机系统之间以及不同网络之间的数据通信，国际标准化组织对当时的各类计算机网络体系进行了研究，正式公布了一套网络体系结构模型作为国际标准，称为“开放系统互联基本参考模型”，即OSI/RM（Open System Interconnection Basic Reference Model），也称为ISO/OSI。由于国际标准化组织的权威性，使OSI协议成为广大厂商共同遵循的标准。这一模型在后来计算机网络的发展中发挥了重要作用。OSI协议模型将整个通信功能划分为七个层次，划分层次的原则如下。

①类似功能尽可能放在同一层。

②每层都有各自的协议规范。各协议规范相对独立，其修改不影响其他各层协议。

③两主机间建立在同等实体之间的通信会话应有同样的协议规范。

④每一层使用下一层提供的服务，并为上一层提供服务。

⑤层间的接口必须清晰，上下层之间有接口协议规范，跨越接口的信息应尽量减少。

⑥层数应适中。

⑦层次划分要便于标准化。

（2）OSI参考模型的层次划分

OSI根据以上原则，将计算机网络体系结构的通信协议划分为七层，自下而上依次为：物理层（Physical Layer）协议、数据链路层（Data Link Layer）协议、网络层（Network Layer）协议、传输层（Transport Layer）协议、会话层（Session Layer）协议、表示层（Presentation Layer）协议、应用层（Application Layer）协议，结构如图3-1-1所示，OSI参考模型对于两个主机之间进行数据传输时，每层都有一个标准协议，通过标准协议的有关规定才能达到传输数据的目的。

OSI参考模型定义了网络各层的功能、层与层之间的关系、相同层次的实体间如何通信等，OSI为连接分布式应用处理的“开放”系统提供了基础，即任何两个遵守参考模型和有关标准的系统都具备互联的能力。软硬件厂商可根据该模型开发产品，以便与其他厂商的产品兼容。

图 3-1-1 网络体系结构

3.1.2 OSI参考模型各层功能介绍

（1）物理层（Physical Layer）

物理层处于OSI参考模型的最低层，该层建立在通信介质的基础上，主要设备有中继器和集线器。物理层的作用是提供网络内两系统间的物理接口并实现其相互间的物理连接，为数据链路层实现无差错数据传输提供条件。该层规定了通信设备的四个特性，用以建立、维护和拆除物理链路连接。

①机械特性：包括硬件连接接口的形状、大小和接口引脚的个数、功能、规格、引脚的

分布，以及通信介质的参数和特性等。

②电气特性：包括信号状态0和1的产生方式、线路连接方式、适用元件、传输速率、信号电平、电缆长度和阻抗等。

③功能特性：包括接口线功能规定和接口线分类，主要由CCITT（Consultative Committee on International Telegraph and Telephone，国际电报电话咨询委员会）规定。

④规程特性：包括传输方式、传输过程及事件发生后执行的顺序等，该层数据传输以比特为单位。

该层协议主要解决如何把物理信号由一方经过传输介质传输到另一方的问题，不负责传输的检错和纠错，典型的物理层协议有RS-232-C及RS-449等。

（2）数据链路层（Data Link Layer）

数据链路层位于OSI参考模型的第二层，该层主要保证两个相邻节点的无差错数据传输，完成比特流的传输和控制，将不可靠的物理信道处理为可靠的通信链路，使高层不必考虑低层物理介质的具体特性，该层的主要设备有二层交换机和网桥。数据链路必须具备链路管理、帧同步、流量控制、差错控制、透明传输、寻址等主要功能。

数据链路层的数据传输单元是帧（Frame），帧是具有一定大小和结构的数据包，是数据链路层在接收到网络层传来的数据分组后，在数据分组两端添加帧头和帧尾而形成的数据传输单元，其中帧头含有控制信息，帧尾含有可在数据帧传输的过程中完成差错检验的校验码。接收端发现错误时，向发送端发送出错信号，发送端重发原数据帧；当由于干扰或其他原因导致发送端在规定时间内未收到接收方的响应时，发送端也重发数据帧。

典型的数据链路层协议有HDLC（High-level Data Link Control，高级数据链路控制）和PPP协议等。

（3）网络层（Network Layer）

网络层位于OSI参考模型的第三层，该层作为通信子网的最高层，控制通信子网的操作，是通信子网与资源子网的接口。它关系到通信子网的运行控制，体现了网络应用环境中资源子网访问通信子网的方式。该层的主要设备是路由器和三层交换机。

网络层实现整个网络系统范围内的连接，为传输层提供整个网络范围内两个节点之间数据传输的通路。网络层的主要任务：一是把传输层送来的报文分为若干个一定长度的信息段，每个信息段前添加网络层需要的控制信息，组成数据分组或称为“包”，然后把分组向下传输到数据链路层后以帧为单位在链路上传输；二是通过路由选择在通信子网中为数据分组选择合适的源节点到目标节点的路径，并沿此路径将分组传输到目标节点。为此，网络层必须知道通信子网的拓扑结构（即所有路由器的位置）并选择通过子网的合适路由，它使用的路由选择算法通常可分为以下两种。

①静态路由：事先选择路由方案，且不能随着网络系统状态变化而自动调整，一般由网络管理员根据路由方案自行设定。

②动态路由：具有一定的适应和自学习能力，即根据网络拓扑和网络流量等变化情况，自动调整选择策略，选择不同路由。

当源节点和目标节点不处于同一网络中，网络层除了处理路由问题外，还需要处理网络间的差异，并解决由此而带来的传输问题。

网络层提供以下两种服务用于传输分组。

①面向连接的虚电路服务：基本思想是在数据传输前通过建立连接，在源节点和目标节点间建立一个数据传输逻辑通道，各分组沿此通道串行传输到目标节点。

②无连接的数据包服务：基本思想是将传输数据单元划分为带有目标地址的分组，各分组在网络层路由选择机制控制下独立地在网络中寻找传输路径，并传输到目标节点。

网络层的其他功能包括流量控制，防止阻塞和死锁等，典型的网络层协议有IP协议和ICMP协议等。

（4）传输层（Transport Layer）

传输层位于OSI参考模型的第四层，该层通过错误纠正和流控控制机制等手段为主机间提供可靠的传输手段。传输层及其以上各层的传输单位均为报文。该层使其上方各层不必关心数据传输的技术细节，不受网络层技术的影响，为双方主机通信提供了透明的数据通道，作为OSI参考模型中的核心层，该层起到承上启下的作用。目的是弥补网络层提供的服务与用户需要的服务之间的差别，并把下层的网络细节与上层协议隔离开来。

对数据链路层而言，点到点之间是一条直接的数据链路，而对传输层而言，端到端之间的信道是整个通信子网，报文在通信子网中传输可能会丢失、重组、阻塞或产生较大延迟。因此，传输层协议比数据链路层要复杂得多。

典型的传输层协议有TCP协议和UDP协议。

传输层的功能有以下几点。

①提供建立、维护和拆除传输层连接。

②选择网络层提供合适的服务。

③提供端到端的错误恢复和流量控制。

④向会话层提供独立于网络层的传送服务和可靠的透明数据传送。

（5）会话层（Session Layer）

会话层位于OSI参考模型的第五层，也称为对话层或会晤层，该层不参与具体的数据传输，具体功能如下。

①提供会话双方之间会话连接的建立、释放及传输数据。

②管理会话双方的对话活动。主要包括数据传输、同步控制和会话连接及释放，以及设置单工、半双工或全双工等数据传输方式。

③在数据传输流中插入适当的同步点，发生差错时会话用户可以从双方同意的同步点上重新开始对话。

④在适当的时候中断对话，经过一定时间后在其已预定义的同步点上重新开始对话。

（6）表示层（Presentation Layer）

表示层位于OSI参考模型的第六层，该层向上为应用层提供服务，向下接受会话层提供的服务。表示层为在应用程序之间传输的信息提供表示方法的服务，关心的只是信息的语法和语义。通信双方一般都有各自不同的数据表示方式，表示层把发送方具有的内部模式结构编码成适于传输的信息，然后在目的端将其解码为原信息。它为应用层进程提供能解释交换信息的一组服务，如代码转换、文本压缩、文本加密和解密等。

（7）应用层（Application Layer）

应用层位于OSI参考模型的最高层，该层是计算机网络与用户间的界面，其中包含若干独立且通用的服务协议模块，为网络用户的通信应用程序服务。从功能划分上看，OSI参考模型下面六层协议解决了支持网络服务功能所需的通信与表示问题，而应用层则提供完成特定网络服务功能所需的各种应用协议，因此应用层向应用进程提供的服务是OSI所有层服务的总和。

应用层的内容取决于用户的需要，主要包括分布式数据库、分布式计算技术、网络操作系统、远程文件传输、电子邮件、终端电话及远程作业录入与控制等。虽然已有一些标准的应用协议，但该层在国际上还没有完整的标准，是一个范围很广的研究领域。

总体来说，OSI参考模型本身不是网络体系结构的全部内容，它仅说明每层应具备的功能，并未具体描述用于各层的服务和协议。表3-1-1为OSI参考模型各层次上的主要协议。

表3-1-1　OSI参考模型各层次上的主要协议

层次	主要协议	传输单位	主要设备
应用层	HTTP、FTP、SMTP		
表示层	JPEG、MPEG		
会话层	RPC、SQL、NetBIOS		
传输层	TCP、UDP	报文	
网络层	IP、ICMP	数据包	路由器、三层交换机
数据链路层	HDLC、PPP	数据帧（帧）	网卡、网桥、交换机
物理层	RS-232-C、RJ45	数据流（比特）	集线器、调制解调器

OSI参考模型为研究、设计与实现计算机网络系统提供了功能上和概念上的框架，但严格按照OSI七层参考模型定义的网络协议集及其国际标准目前尚未出台，不过在制定有关网络协议和标准时，都将其作为参考基准，这也正是它的意义所在。

3.1.3　TCP/IP协议

TCP/IP协议簇是目前应用最广的网络协议标准，它由一系列协议组成，其中最核心的两个协议是TCP（传输控制协议）和IP（Internet协议）。为了实现计算机之间的通信并简化协议设计的复杂性，大多数网络采用了层次化的组织结构。TCP/IP协议簇被广泛应用于Internet，已经成为事实上的工业标准。

3.1.3.1　TCP/IP 协议的发展

TCP/IP（Transmission Control Protocol/Internet Protocol）通信标准是由美国国防部高级研究计划署（ARPA）首先开发的ARPANet网络模式，到20世纪80年代初，所有的

网络都转而采用基于TCP/IP的协议。Internet的原型是ARPANet，它由所有基于TCP/IP并连接到ARPANet上的网络组成，现在已迅速发展为覆盖全球的最大网络。

3.1.3.2 TCP/IP 协议的作用

网络互联要解决的是异构网络系统的通信问题，目的是向高层隐藏低层物理网络技术的细节，为用户提供统一的通信服务。TCP/IP就是这一技术的体现，它是一个协议集，目前已包含了100多个协议，用来将各种计算机和数据通信设备组成实际的计算机网络。TCP和IP是其中的两个协议，也是最基本、最重要的两个协议，是广为人知的，因此，通常用TCP/IP来代表整个Internet协议集。

3.1.3.3 TCP/IP 协议的层次与功能

TCP/IP协议采用应用层、传输层、网络层（也有教材上为网际层）和网络接口层的四级层次结构，每层都通过下一层所提供的服务来完成自己的功能。与OSI的七层协议比较，TCP/IP参考模型中没有物理层、会话层和表示层，如表3-1-2所示。

表3-1-2 TCP/IP协议与OSI参考模型比较

OSI 参考模型结构	TCP/IP 协议结构	TCP/IP 协议各层主要协议
应用层	应用层	HTTP、SMTP、FTP、Telnet、DNS
表示层		
会话层		
传输层	传输层	TCP、UDP
网络层	网络层	IP、ARP、RARP、ICMP、IGMP
数据链路层	网络接口层	PPP、HDLC、SLIP
物理层		

（1）网络接口层

网络接口的两种类型是设备驱动程序（如局域网的网络接口）和包含自身数据链路协议的复杂子系统（X.25中的网络接口）。数据链路层不是TCP/IP协议的一部分，却是TCP/IP赖以存在的各种通信网和TCP/IP之间的接口。这些通信网包括多种广域网，如ARPA、MIL和X.25公用数据网以及局域网，如以太网和IEEE的各种标准局域网等。一般情况下，各通信层可使用自己的数据链路层和物理层协议，不需要设置专门的TCP/IP协议（如以太网使用其自身的CSMA/CD）。但是当使用串行线路连接主机与网络或网络与网络，例如用户使用电话线和调制解调器接入，或两个相距较远的网络通过数据专线互联时，则需要在数据链路层按照SLIP协议或PPP协议运行。

SLIP（Serial Line Internet Protocol，串行线路网际协议）：提供在串行通信线路上装IP分组的简单方法，使远程用户通过电话线和调制解调器能方便地接入TCP/IP网络。SLIP是一种简单的组帧方式，但不支持连接过程中的动态IP地址分配。通信双方必须事先告知对方IP地址，对于无固定IP地址的用户而言上网很不方便。SLIP帧中无协议类型字段，因此只支持IP协议。此外，SLIP帧中无校验字段，因此链路层上无法检测传输差错，必须由上层实体或具有纠错能力的调制解调器解决传输差错问题。

PPP（Point to Point Protocol，点对点协议）：该协议是一种有效的点到点通信协议，由串行通信线路上的建立、配置、测试和拆除数据链路的链路控制协议LCP（Link Control Protocol）及一组支持不同网络层协议的网络控制协议NCP（Network Control Protocol）组成。由于PPP帧中设置了校验字段，因而在链路层上具有差错检验的功能。PPP中的LCP协议提供通信双方协商参数的手段并提供了一组NCP协议，使得PPP可以支持多种网络层协议，如IP、IPX（Internet Packet Exchange Protocol，互联网分组协议）和OSI等。支持IP的NCP提供了在建立连接时动态分配IP地址的功能，解决了无固定IP地址用户上网的问题。

（2）网络层

网络层有四个重要协议。

①IP（Internet Protocol，网际协议）：Internet协议栈的第三层，已成为网络操作系统之间通信的标准机制，是HTTP和TCP等高层协议的基础。除提供网络路由之外，该协议还具有错误控制及网络分段等众多功能，是整个Internet协议栈的核心。

IP的基本任务是，网络层通过Internet传输数据包接收更低层（网络接口层，如以太网设备驱动程序）发来的数据包，并把该数据包发送到更高层，即传输层。IP层也把从传输层接收来的数据包传输到更低层，IP数据包中含有发送的主机地址（源地址）和接收的主机地址（目的地址）。传输时高层协议将数据传递给IP，由IP封装为Internet数据包，并交给数据链路层协议通过局域网传输。若目的主机在本地网中，IP则通过网络将数据包传递给目的主机；若目的主机在远程网络中，则需要通过路由器传输数据包，而路由器则依次通过下一网络将数据包传输到目的主机或下一个路由器，即一个IP数据包通过Internet从一个IP模块传到另一个IP模块，直至终点。

各个IP数据包之间是相互独立的，IP协议不保证服务的可靠性。在网络资源不足的情况下，它可能丢弃某些数据包，同时IP协议也不检查被数据链路层丢弃的报文。

②ARP/RARP（Address Resolution Protocol/Reverse Address Resolution Protocol，地址转换协议/反向地址转换协议）：实现IP地址和物理地址间的映射，起着屏蔽物理地址细节的作用。

在TCP/IP网络环境下，每台主机都分配了一个32位的IP地址，这种地址是在全网络范围内标识主机的一种逻辑地址。为了在物理网上传输数据包，必须知道彼此的物理地址，这样就存在Internet地址转换为物理地址的问题。以以太网为例，为正确地向目的站传输报文，必须把目的站的32位IP地址转换为48位的物理地址。

发送报文时，如果源站点网络层给的数据包只有IP地址，而无对应的以太网地址，则网络层广播ARP请求获取目的站信息，而目的站必须回答该请求，这样源站点可收到目的站点的以太网的48位地址并放入相应的高速缓存中，下一次源站点转换同一目的站点地址时可直接引用高速缓存中的地址。ARP使主机可以找出同一物理网络中任一主机的物理地址，只需给出目的主机的IP地址即可，这样网络的物理编址可以对网络层服务透明。在Internet中，为将数据包送到另一个网络的主机，数据包将发往发送方所在网络的IP路由器。因此发送主机必须首先确定网关的物理地址，然后依次将数据发往接收端。除基本ARP机制外，有时还需在路由器中设置代理ARP，目的是由IP路由器代替目的站响应发送方的ARP请求。

如果站点初始化以后，只有自己的物理地址而无IP地址，则可通过RARP协议发送广播请求自己的IP地址，并由RARP服务器负责回答。这样无IP地址的站点可以通过RARP协议取得自己的IP地址，这个地址在下一次系统重新启动以前有效，而不用连续广播请求。RARP广泛用于获取无盘工作站的IP地址。

③ICMP（Internet Control Messages Protocol，网际控制报文协议）：与IP位于同一层，系统用来传输IP的控制信息。由于IP协议提供的是一种不可靠的分组传输服务，因此如果由于路由器故障使网络堵塞，则需要通过发送主机采取相应措施。为了使Internet报告差错或提供有关意外情况的信息，在IP层添加了一类特殊用途的报文机制，即网际控制报文协议（ICMP），分组接收方用其通知IP模块发送方某些需要修改的信息，如果一个分组不能传输，ICMP可用来警告分组源，说明有网络、主机或端口不可达，ICMP也可用来报告网络阻塞。ICMP数据包通过IP送出，因此在功能上属于OSI的第三层。

④IGMP（Internet Group Management Protocol，Internet组管理协议）：用来实现组播。在计算机网络中，组播将数据发送给可能跨越物理网络的多个用户。随着多媒体通信业务的开展，组播业务日益增多，IGMP协议也日益受到人们的重视。该协议由主机视图成员关系协议发展而来，IGMP消息被置于IP数据包中传输。

（3）传输层

TCP/IP在这一层提供了两个主要协议：TCP和UDP，另外还有一些其他协议，例如用于传输数字化语音的NVP（Network Voice Protocol）协议。

TCP（Transmission Control Protocol，传输控制协议）：对应OSI模型的传输层，在IP协议的基础上提供端到端的面向连接的可靠传输。TCP通信建立在面向连接的基础上，体现了一种“虚电路”的概念。双方通信之前建立一条连接，然后可发送数据流。这种数据交换方式可提高效率，但事先建立连接和事后拆除连接需要开销。TCP采用三次握手的过程建立连接，目的是使数据段的发送和接收同步并建立虚连接，整个过程由以下三个环节组成。

①发送方主机通过设置同步标志位发出一个数据包进行会话请求。

②接收方主机通过发回具有以下项目的数据段表示回复：同步标志位、将要发进数据包的起始字节的顺序号、应答并带有将收到的下一个数据包的字节顺序号。

③发送方主机回送一个带有确认顺序号和确认号的数据包。

TCP采用确认重传机制实现传输的可靠性，即接收方每接收一次数据，就回送一个报文。发送方对每个发出的报文留一个记录，并等收到确认后发送下一个报文组。发出一个报文分组时启动一个计时器，若计时器计数完毕，确认仍未达到，则发送方重新发送该组，但简单的确认重传严重浪费了带宽。TCP还采用一种称为“滑动窗口”的流量控制机提高网络的吞吐量，窗口范围决定了发送方发送，但未被接收方确认数据包的数量。当接收方正确收到一个报文组时，窗口向前滑动。这种机制使网络中未被确认的数据包数量增加从而提高了网络的吞吐量。

面向连接的服务（例如Telnet、FTP、Rlogin、XWindows和SMTP）需要高度的可靠性，所以它们使用了TCP。DNS在某些情况下使用TCP（发送和接收域名数据库），但使用UDP传输有关单台主机的信息。

UDP（User Datagram Protocol，用户数据报协议）：是IP协议组的一部分，它增加了一种机制，发送方使用这种机制可以区分一台计算机上的多个接收方。每个UDP报文除了包含某用户进程发送数据外，还有报文目的端口和报文源端口的编号，UDP的这种扩充使得在两个用户进程之间的递送数据包成为可能。

UDP依靠IP协议传输报文，因而其服务和IP一样不可靠。这种服务不需要确认和排序报文，也不进行流量控制，UDP报文可能出现丢失、重复或失序等现象。因此UDP不应用于那些使用虚电路的面向连接的服务，而主要用于那些面向查询应答的服务，例如NFS。相对于FTP或Telnet，这些服务需要交换的信息量较小，使用UDP的服务包括NTP（Network Time Protocol，网络时间协议）和DNS等。

总而言之，TCP的可靠性比UDP高；且TCP是面向连接的，而UDP是非面向连接的。

（4）应用层

应用层包含多种面向具体应用领域的应用协议，其中FTP、Telnet和SMTP等是几个在各种不同机型上广泛应用的协议，TCP/IP中还定义了多个其他高层协议。

①文件传输协议（File Transfer Protocol，FTP）：用于访问远程机器的一个协议，它使用户在本地机与远程机之间执行有关文件的操作。FTP工作时建立两个TCP连接，分别用于传输文件和传输控制。FTP采用客户机/服务器模式，它包含FTP客户端和FTP服务端。FTP客户端启动传输过程，而FTP服务端对其做出应答。FTP客户端大多有一个交互式界面，通过该界面客户可以灵活地向远程服务器上传文件或从远程服务器下载文件。

②远程登录协议（Telecommunications Network，Telnet）：其连接是一个TCP连接，用于传输具有Telnet控制信息的数据。它提供了与终端设备或终端进程交互的标准方法。支持终端到终端的连接及进程到进程分布式计算的通信。

③简单邮件传输协议（Simple Message Transfer Protocol，SMTP）：一组用于从源地址到目的地址传输邮件的规范，其内容由IETF（The Internet Engineering Task Force，互联网工程任务组）的RFC821定义。SMTP的一个重要特点是能够在传输中接力传输邮件，传输服务提供了进程间通信环境（IPCE，此环境可以包括一个网络，几个网络或一个网络的子网），邮件可以通过连接在不同IPCE上的进程跨网络进行传送。另外一个和SMTP功能相同的协议是X.400。

④超文本传输协议（Hyper Text Transfer Protocol，HTTP）：通常用来在网络上传输Web页，当用户以“http://”开始一个链接名时，即通知浏览器访问使用HTTP的Web页。

任务实施

任务3.1　双机互联对等网络的组建

任务描述

将两台安装Windows7的计算机（也可以使用模拟软件），组建双机互联对等网络，并测试连通性。

eNSP双机互联对等网络实验

任务准备

两台安装Windows7的计算机，网线若干（包括直通和交叉线），交换机。如果实验室交换机等设备不足，也可使用eNSP模拟软件进行试验。

任务指导

1 用交叉线互联计算机 A 和计算机 B

将交叉线两段分别插入两条计算机网卡的RJ45接口，当观察到网卡的Link/Act指示灯亮起，标识连接良好。

2 设置计算机 IP 地址

①打开本地连接属性窗口。单击桌面“开始”按钮，选择“设置→网络连接”；打开“网络连接”窗口；右击“本地连接”，单击“属性”。

②设置IP地址。在“本地连接属性”窗口，选中“Internet协议（TCP/IP）”，单击“属性”；在“Internet 协议（TCP/IP）属性”窗口中，将计算机A的IP地址设置为192.168.1.1，子网掩码为255.255.255.0，然后单击“确定”；返回“本地连接属性”窗口，再单击“确定”，设置完成。

③设置计算机B的IP地址。步骤同上，只是将IP地址设置成192.168.1.2。

3 测试计算机网络连通性

互联两台计算机后，要测试是否真正能连通。通常使用ping命令可测试网络是否能够连通，利用它可以检查网络能否连通，可以很好地帮助分析判定网络故障。

（1）ping命令

ping命令的格式为：ping对方IP地址

该命令还可以有许多参数，键入“ping”后按回车，即可看到详细说明。

ping命令主要参数说明如下。

Bytes：表示测试数据包的大小。

Time：表示数据包的延时时间。

TTL：表示数据包的生存期。

数据包无法到达目的主机：Destination host unreachable。

数据包无法到达目的主机或数据包丢失：Request timed out。

（2）使用ping命令测试

在计算机A的“桌面”上单击“开始”按钮，选择“运行”命令，在弹出的“运行”窗口中，输入“cmd”命令，然后单击“确定”。在命令窗口中输入ping192.168.1.2命令后回车，如果出现如图3-1-2所示界面，则说明两台机器已经连通。

```
C:\>ping 192.168.1.2

Pinging 192.168.1.2 with 32 bytes of data:

Reply from 192.168.1.2: bytes=32 time=1ms TTL=128
Reply from 192.168.1.2: bytes=32 time<1ms TTL=128
Reply from 192.168.1.2: bytes=32 time<1ms TTL=128
Reply from 192.168.1.2: bytes=32 time<1ms TTL=128

Ping statistics for 192.168.1.2:
    Packets: Sent = 4, Received = 4, Lost = 0 (0% loss),
Approximate round trip times in milli-seconds:
    Minimum = 0ms, Maximum = 1ms, Average = 0ms

C:\>
```

图 3-1-2 ping 通效果

若出现如图3-1-3所示界面，则说明没有ping通。

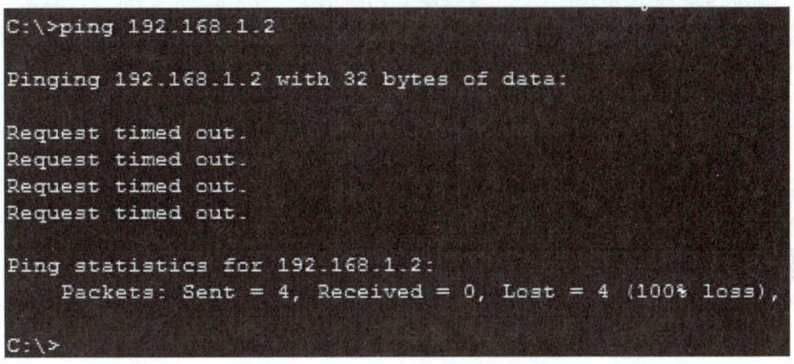

图 3-1-3　ping 不通效果

4 使用 eNSP 软件模拟实验

①下载eNSP软件并安装（安装前必须先安装WinPcap、Wireshark、VirtualBox等支持软件）。

最上面的右侧是菜单按钮，第二行是工具栏，中间空白处是工作区，左边上部是设备区域，可以选择设备的类别，比如用到的设备和线缆等，左边中间是可用到的设备或线缆类型，可以直接拖动到工作区使用，左边下部，是当选择某一类型设备时的简要说明，如图3-1-4所示。

图 3-1-4　eNSP 软件界面

②选中电脑类型后，拖拽所需两台PC机到合适位置，再选择连接线类型，用Copper类型的线缆连接Ethernet0/0/1接口，启动设备后，分别设置两台计算机的IP为192.168.1.1和192.168.1.2，如图3-1-5所示。

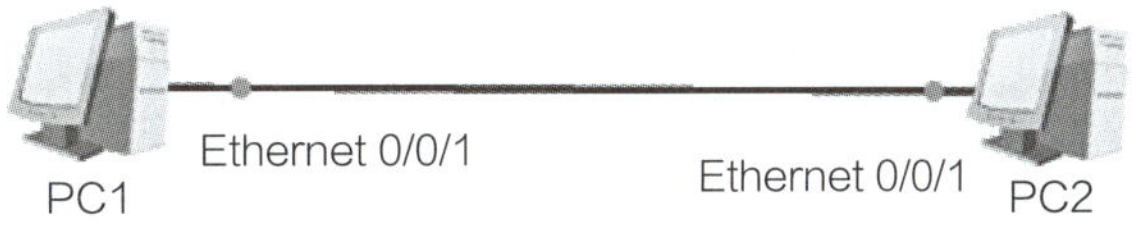

图 3-1-5　eNSP 软件模拟的双机互联对等网络

③测试连通性。

任务总结

要求撰写实训总结时，把完成任务过程中遇到的问题与解决方法、未解决或需要进一步探讨的问题，以及任务实践过程中的收获和经验教训的内容写入实验报告并提交。

任务3.2
IP 地址规划

任务书

任务	任务 3.2 IP 地址规划	所属项目	项目 3 网络 IP 地址规划与子网划分
任务描述	某公司综合办公楼进行网络规划设计，经理派技术人员小张对该办公楼网络系统进行网络地址划分与子网规划。		
学习产品	网络地址划分与子网规划		
学习要求	一、预习任务 1. MAC 地址，IP 地址，网络地址，主机地址。 2. ClassA、ClassB、ClassC 三类地址。 3. 特殊用途的本机地址、广播地址。 4. 子网分割的原因与原理。 5. 子网掩码的功能。 6. 子网分割步骤。 二、学习掌握 IP 地址的分类、子网掩码等知识 三、学会 IP 地址的计算方法，并学会 IP 地址规划		

知识准备

3.2.1 IP地址与规划

Internet上有成千上万台主机，需要用普遍接受的方法来识别每台计算机和用户。就像每个人都有自己的身份证号码一样，Internet上的计算设备或主机也通过具有唯一性的网络地址来标识自己。Internet上的网络地址有两种表示形式：IP地址和域名。

3.2.1.1 IP 地址简介

互联网络协议IP是TCP/IP参考模型的网络层协议。IP的主要任务是将相互独立的多个网络互联起来，并提供用以标识网络及主机节点地址的功能，即IP地址。

当一个企业或组织要建立Internet站点时，都需要从Internet的有关管理机构获得一组该站点计算机与路由器的IP地址。而每台连接到Internet上的计算机、路由器都必须有一个在

Internet上唯一的IP地址，这是Internet赖以工作的基础。

3.2.1.2　IP 地址的格式与子网掩码

所谓IP地址就是IP协议提供的一种统一的地址格式，它由32位的无符号二进制数构成，为了便于书写和记忆，又分成4个部分，以X.X.X.X表示，每个X为8位二进制数，对应的十进制数为0～255。IP地址又分为网络地址和主机地址两部分，如表3-2-1所示。这种样式的地址表示方法被称为点分十进制（Dotted Decimal）地址。其中，网络地址用来标识一个物理网络，主机地址用来标识这个网络中的一台主机。

表3-2-1　IP地址结构

	网络地址			主机地址
子网掩码（二进制）	11111111	11111111	11111111	00000000
子网掩码（十进制）	255	255	255	0
二进制	11001011	01000111	11010100	00000101
十进制	203	71	212	5

子网掩码也是一组32位二进制数字，它和IP地址配合，主要作用是声明IP地址的哪些位属于网络地址，哪些位属于主机地址。

从IP地址的结构可知，IP地址由网络地址和主机地址两部分组成，即IP地址=网络ID＋主机地址。

对于某一主机的IP地址如192.168.0.1，网络上的其他设备怎样知道它的哪些位属于网络地址，哪些位属于主机地址呢?这就要靠子网掩码来识别。子网掩码的长度也是32位，其表示方法与IP地址的表示方法一致。它的32位二进制分为两部分，第一部分全部为“1”，而第二部分则全部为“0”。子网掩码中为“1”的部分，对应的IP地址的位表示网络地址，子网掩码中为“0”的部分，对应的IP地址的位表示主机地址。

3.2.1.3　IP 地址的分类

为了便于管理和给不同规模的网络提供必要的灵活性，按照网络规模的大小，把32位的IP地址空间划分为五个不同的地址类别，如表3-2-2所示，其中A、B、C三类最为常用。

表3-2-2　五类IP地址

	0	1	2	3	4	5	6	7	8	9～15	16～23	24～31
A类	0											
B类	1	0										
C类	1	1	0									
D类	1	1	1	0	组播地址							
E类	1	1	1	1	留作后用							

（1）A类IP地址

5类IP及其划分

该类IP地址主要分配给政府机构或大型公司，适用于大量主机的大型网络。此类网络地址（有些教材上用网络号来表示）长度为8位，其中第1位固定为0，可变长度为7位。前8位地址范围为0～127，但0和127作为特殊用途，因此，A类IP最多有126（2^7-2）个不同的网络。主机地址（有些教材上用主机号来表示）由24位二进制组成，对于主机地址来说，二进制全0的为网络地址，二进制全1的为广播地址，这2个地址不可分配给主机使用，因此，每个网络最多有16777214（$2^{24}-2$）台主机。A类IP的地址范围为1.0.0.0～126.255.255.255（含网络地址和主机地址）。

（2）B类IP地址

该类IP地址主要分配给中等规模的公司，适用于中等主机数量的网络。此类网络地址长度为16位，其中第1、2位固定为1、0，可变长度为14位。因此，B类IP最多有16384（2^{14}）个不同的网络。主机地址由16位二进制组成，因此，每个网络最多有65534（$2^{16}-2$）台主机。B类IP的地址范围为128.0.0.0～191.255.255.255（含网络地址和主机地址）。

（3）C类IP地址

该类IP地址主要分配给小型的局域网，适用于任何需要的个人或单位。此类网络地址长度为24位，其中前3位固定为1、1、0，可变长度为21位。因此，C类IP最多有2097152（2^{21}）个不同的网络。主机地址由8位二进制组成，因此，每个网络最多有254（2^8-2）台主机。C类IP的地址范围为192.0.0.0～223.255.255.255（含网络地址和主机地址）。

（4）D类IP地址

D类IP是组播地址，不用于标识网络，前4位为“1110”，地址范围为224.0.0.0～239.255.255.255。

（5）E类IP地址

E类IP暂时保留，前4位为“1111”，用作科学研究，也保留以后待用，其IP范围为240.0.0.0～255.255.255.255。

3.2.1.4 特殊 IP 地址和私有 IP 地址

在IP地址中，有一些特殊的IP地址被赋予特殊的用途，各种特殊IP地址及其用途见表3-2-3。

表3-2-3 特殊IP地址及其含义

网络地址	主机地址	用途及含义
网络地址	0	代表网络本身，不分配给主机使用
网络地址	1	定向（直接）广播地址
127	主机地址	回送（回环）地址
0.0.0.0		本网主机
255.255.255.255		本地（受限）广播地址

由于迅速发展的Internet用户越来越多，导致IP地址不够使用，同时，有些公司的IP不希望曝

露在Internet中，因此就有了私有IP的需要。为了便于管理，A、B、C类IP分别划分了私有IP范围，私有IP属于非注册地址，专门为组织机构内部使用。RFC1918定义了私有IP地址范围。

A类：10.0.0.0～10.255.255.255，即10.0.0.0/8。

B类：172.16.0.0～172.31.255.255，即172.16.0.0/12。

C类：192.168.0.0～192.168.255.255，即192.168.0.0/16。

注："/X"为子网掩码的另一种表示形式，表示子网掩码中有X个1。比如/8表示子网掩码中有8个1，即255.0.0.0。

在校园网、计算机机房和企业内部网等网络中，使用的IP地址通常就是这三种中的一种，这样就是为了不与Internet网络中使用的IP地址相冲突。如果上述的网络中使用其他的IP网络地址，虽然网络通常也能够运行，但是在连接互联网的情况下，容易造成网络IP地址的混乱。因此建议使用规范的私有地址，确保网络的正常运行。

3.2.2　子网掩码和子网规划

IP地址规划及实施

所有IP地址由国际组织NIC（Network Information Center，网络信息中心）负责统一分配，目前全世界共有三个这样的网络信息中心。

InterNIC：负责美国及其他地区。

ENIC：负责欧洲地区。

APNIC：负责亚太地区。

我国申请IP地址要通过总部设在日本东京大学的APNIC，申请时要考虑申请的IP地址类型，然后向国内的代理机构提出。通常个人申请的都是C类IP地址，而有多台计算机的一个内部网络要连入Internet的单位或企业则往往要根据网络规模和需要申请一个网络地址。如一个C类的网络地址210.73.140，可以满足254台主机的入网要求，各主机的主机号可以在1～254之间自行确定。

申请到了IP地址以后，为了有效利用和管理IP地址，就需要再对IP地址进行二次规划和设计。由网络的划分方法可知，A、B、C类网络具有默认的子网掩码。

子网掩码除了用十进制的形式表示外，还可以用子网掩码二进制中的1的个数来表示，比如255.0.0.0，换算成二进制后，"1"的个数为8个，也可以用"/8"来表示。

A类IP地址、B类IP地址、C类IP地址的默认子网掩码如表3-2-4所示。

表3-2-4　默认子网掩码

类别	子网掩码（二进制）	子网掩码（十进制）	另一种表示形式
A	11111111.00000000.00000000.00000000	255.0.0.0	/8
B	11111111.11111111.00000000.00000000	255.255.0.0	/16
C	11111111.11111111.11111111.00000000	255.255.255.0	/24

3.2.2.1 子网规划与地址空间划分的基本方法

我们可以用下面的例子，对子网规划与地址空间划分的方法加以说明。

一个校园网要对一个B类IP地址（156.26.0.0）进行子网划分。该校园网是由近210个局域网组成的。考虑到校园网的子网数量不超过256个，因此可行的方案是进行子网划分时子网号的长度为8位。这样的子网掩码为255.255.255.0。

在以上子网划分的方案中，校园网可用的IP地址如下：

子网0：156.26.0.1～156.26.0.254

子网1：156.26.1.1～156.26.1.254

子网2：156.26.2.1～156.26.2.254

子网3：156.26.3.1～156.26.3.254

……

子网254：156.26.253.1～156.26.254.254

子网255：156.26.255.1～156.26.255.254

注：

①在1985年8月InterNIC公布的Internet Standard Subnetting Procedure（互联网子网划分程序）RFC950文档（以下不同文档版本简称RFCXXX）规定中，子网号不能是全0或全1，做出这种规定的主要理由是如果将全0或全1的子网号分配给子网后，在向一个网络的所有子网进行多播传输时，可能会引起数据传输混乱。

②但是在1995年12月公布的RFC1878中，对RFC950提出了不同的看法，允许将全0或全1的子网号分配给子网。因为CIDR（无类别域间路由）中是用前缀去表示地址块的范围，子网号为全0和全1的地址可以分配给子网，但是主机号全0和全1的广播地址不能分配给主机。实际地址规划中常常会涉及这个问题。

③需要注意的是，RFC1878并不是Internet标准，而是属于"提供信息的"文档。因此，在使用时，需要注意路由器制造商是不是支持RFC1878。

现在绝大多数设备制造商都已经支持RFC1878标准，因此，本书以后所有子网划分，以RFC1878为标准，对子网标准问题不再做特别说明。这样就可以把一个B类网络划分为256个子网，每个子网只能有254台主机。

在确定子网长度时，应该权衡两个方面的因素：子网数与每个子网中主机与路由器数。在子网划分过程中，不能简单地追求子网数量，通常是以满足基本要求，并考虑留有一定的余量为原则。

3.2.2.2 可变长子网掩码（Variable Length Subnet Masking，VLSM）技术

为了不造成IP地址的浪费，也为了子网划分的方便性，特别考虑到设备互联时的IP地址应用，有时需要在子网划分时，考虑不同的子网长度。

例如某个公司申请一个C类202.60.31.0的IP地址。该公司有100名员工在销售部门工作，50名员工在财务部门工作，50名员工在设计部门工作。要求为销售部门、财务部门与设计部门分别组建子网。

针对这种情况，可以通过VLSM技术，将一个C类IP地址分为三个部分，其中子网1的地

址空间是子网2与子网3的地址空间的2倍。

①因为考虑到需求，第1个子网必须容纳≥100台主机，而$2^7=128>100$，所以主机位可以用7位，网络位为32-7=25位，所以子网掩码为11111111.11111111.11111111.10000000，也就是8+8+8+1的形式。十进制的子网掩码为255.255.255.128，将一个C类IP地址划分为两半。在二进制计算中，运算过程如下。

主机的IP地址： 11001010 00111100 00011111 00000000（202.60.31.0）
子网掩码： 11111111 11111111 11111111 10000000（255 .255 .255.128或 /25）
与运算结果： 11001010 00111100 00011111 00000000（202.60.31.0）
广播地址： 11001010 00111100 00011111 01111111（202.60.31.127）

网络地址保持不变，主机地址全1为广播地址。

运算结果表明：可以将202.60.31.1～202.60.31.126作为子网1的IP地址，而将余下的部分进一步划分为两半。由于202.60.31.127第4个字节是全1，被保留作广播地址，不能使用。

所以，划分完成的子网地址为：202.60.31.0，子网掩码为255.255.255.128，广播地址为202.60.31.127，可用IP地址范围为202.60.31.1～202.60.31.126。

②第2、第3个子网必须容纳≥50台主机，而$2^6=64>50$，所以主机位可以用6位，网络位为32-6=26位，所以子网掩码为11111111.11111111.11111111.11000000，也就是8+8+8+2的形式。十进制的子网掩码为255.255.255.192，子网1与子网2、子网3的地址空间交界点在202.60.31.128，使用子网掩码为255.255.255.192。子网2与子网3的地址空间的计算过程如下。

主机的IP地址： 11001010 00111100 00011111 10000000（202.60.31.128）
子网掩码： 11111111 11111111 11111111 11000000（255.255.255.192 或/26）
与运算结果： 11001010 00111100 00011111 10000000（202.60.31.128）
广播地址： 11001010 00111100 00011111 10111111（202.60.31.191）

网络地址保持不变，主机地址全1为广播地址。

平分后的两个较小的地址空间分配给子网2与子网3。对于子网2来说，第一个可用地址是202.60.31.129，最后一个可用地址是202.60.31.190。

所以，划分完成的第2个子网地址为：202.60.31.128，子网掩码为255.255.255.192，广播地址为202.60.31.191，可用IP地址范围为202.60.31.129～202.60.31.190。

③下一个地址202.60.31.191中191是全1的地址，需要留作广播地址。接下来的地址是202.60.31.192，它是子网3的第一个地址。

所以，划分完成的第3个子网地址为：202.60.31.192，子网掩码为255.255.255.192，广播地址为202.60.31.255，可用IP地址范围为202.60.31.193～202.60.31.254。

所以，采用变长子网划分的三个子网的IP地址分别如下。

子网1： 202.60.31.1～202.60.31.126

子网2： 202.60.31.129～202.60.31.190

子网3： 202.60.31.193～202.60.31.254

其中，子网1使用的子网掩码为255.255.255.128（/25），允许使用的主机号为126个；子网2与子网3的子网掩码为255.255.255.192（/26），它们可以使用的主机号均为62个。该方案可以满足公司的要求。

为了直观展现，通过表3-2-5表示。

表3-2-5 子网划分结果

	子网 1	子网 2	子网 3
子网地址	202.60.31.0	202.60.31.128	202.60.31.192
子网掩码	255.255.255.128	255.255.255.192	255.255.255.192
广播地址	202.60.31.127	202.60.31.191	202.60.31.255
可用 IP 范围	202.60.31.1~202.60.31.126	202.60.31.129~202.60.31.190	202.60.31.193~202.60.31.254

3.2.2.3 无类别域间路由

在可变子网掩码的基础上，人们提出了无类别域间路由（CIDR）的概念。RFC1517~1520对CIDR进行了定义，并且已经形成Internet的建议标准协议。理解CIDR技术的特点需要注意以下几个问题。

①CIDR将剩余的IP地址按可变大小的地址块来分配。与传统的标准分类IP地址与子网地址划分的方式相比，CIDR是以任意的二进制倍数的大小来分配地址的。

②由于CIDR不采用传统的标准IP地址分类方法，无法从地址本身来判定网络号的长度，因此CIDR地址采用“斜线记法”即（主机号）/（网络前缀）。例如，用CIDR方法给出一个地址块中的一个IP地址是200.16.23.1/20，那么它表示在这个IP地址的前20位是网络前缀（也可以理解为子网掩码中“1”的个数），后12位是主机号，其地址结构为：

200.16.23.0/20=11001000 00010000 00010111 00000001

这个地址中前20位（用阴影表示）的是网络号，剩下的后12位是主机号。

③CIDR将网络前缀相同的连续的IP地址组成一个“CIDR地址块”。200.16.23.1/20的网络前缀为20位，那么该地址块有的主机号可以达到2^{12}（4096）个。

④一个CIDR地址块由起始地址与前缀来表示。地址块的起始地址是指地址块中地址数值最小（即主机号为全0）的一个。例如，200.16.23.1/20地址块中起始地址的主机号应该为全0，那么这个地址块的最小地址的结构为：

200.16.16.0/20=11001000 00010000 00010000 00000000

这个地址块中的最大地址是主机号为全1的地址，其结构为：

200.16.31.255/20=11001000 00010000 00011111 11111111

200.16.23.0/20所在的地址块由起始地址与前缀表示，即为200.16.16.0/20。

⑤无类别域间路由的具体应用

一个校园网管理中心获得200.23.16.0/20的地址块，校园内共有8个部门需要应用，希望将它划分为8个等长的较小的地址块，网管人员可以采取前面介绍的方法，继续借用CIDR地址中12位是主机号的前三位（$2^3=8$，因此，借用3位），以实现进一步划分地址块的目的。

校园网地址	200.23.16.0/20	11001000 00011000 0001~~000~~0 00000000
计算机系地址	200.23.16.0/23	11001000 00011000 0001~~000~~0 00000000
自动化系地址	200.23.18.0/23	11001000 00011000 0001~~001~~0 00000000
电子系地址	200.24.20.0/23	11001000 00011000 0001~~010~~0 00000000
物理系地址	200.24.22.0/23	11001000 00011000 0001~~011~~0 00000000
生物系地址	200.24.24.0/23	11001000 00011000 0001~~100~~0 00000000
中文系地址	200.24.26.0/23	11001000 00011000 0001~~101~~0 00000000
化学系地址	200.24.28.0/23	11001000 00011000 0001~~110~~0 00000000
数学系地址	200.24.30.0/23	11001000 00011000 0001~~111~~0 00000000

总结：

从以上例子可以看出，对于计算机系来说，它被分配200.23.16.0/23的地址块，网络地址为23位，11001000 00011000 0001000，地址块的最小起始地址是200.24.26.0，可分配的地址数为2^9个，对于自动化系来说，它被分配200.23.18.0/23的地址块，网络地址为23位11001000 00011000 0001001，地址块的最小起始地址是200.23.18.0，可分配的地址数为2^9个。同样，8个系都获得同等大小的地址空间。

分析计算机系与自动化系的网络地址：

计算机系的网络地址： 11001000 00011000 0001000

自动化系的网络地址： 11001000 00011000 0001001

两个系分配的网络地址的前20位是相同的，并且8个地址块网络地址的前20位都是相同的。这个结论说明CIDR地址的一个重要特点：地址聚合（address aggregation）和路由聚合（router aggregation）的能力。

上面例子给出了划分CIDR地址块后的校园网结构。在这个结构中，连接到Internet的主路由器向外部网络发送一个通告，说明它接收所有目的地址的前20位与200.24.16.0/20相符的分组。外部网络不需要知道在200.23.16.0/20地址块校园网的内部还有8个系级的网络存在。

CIDR技术通常用在将多个C类IP地址归并到单一的网络中，并且在路由表中使用一项来表示这些C类IP地址。因为CIDR的网络前缀表示网络的位数，因此，前缀越短，其地址块所包含的地址数则越多。

任务实施

任务3.2　IP地址规划

任务描述

某公司有三个部门和信息中心同处于一栋大楼上，分别是研发部、财务部和销售部，其中二楼有研发部25台计算机和财务部21台计算机，三楼有研发部17台计算机和销售部28台计算机，四楼有公司信息中心连接到外网，连接拓扑如图3-2-1所示。路由器RT连接外网接口，由ISP提供公网IP地址，与内网连接接口地址需要规划，SW3与RT连接接口需要分配IP地址。根据公司总体网络状况，分配192.168.10.0网段给该栋大楼分配。请根据该情况设计规划该楼的IP地址分配。

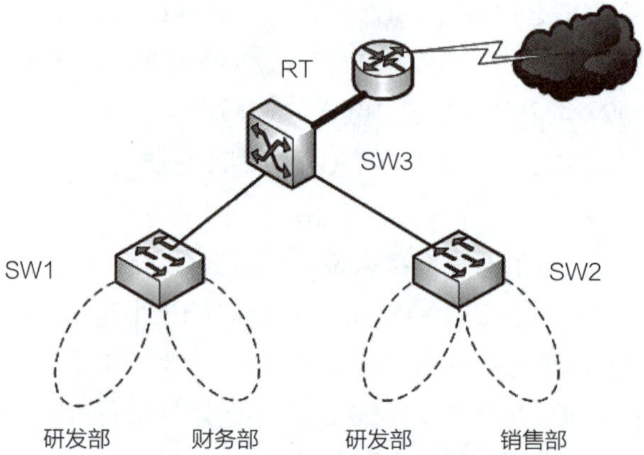

图 3-2-1　某企业综合办公楼网络拓扑

任务准备

掌握知识准备中的相关内容。

任务指导

参照3.2.2子网掩码和子网规划的步骤进行子网规划。

任务总结

要求撰写实训总结时，把完成任务过程中遇到的问题与解决方法、未解决或需要进一步探讨的问题，以及任务实践过程中的收获和经验教训的内容写入实验报告并提交。

拓展阅读

中国的超级计算机

全球超级计算机500强是指国际TOP500组织发布的，全球已安装的超级计算机系统排名，始于1993年，由美国与德国超算专家联合编制，以超级计算机基准程序Linpack测试值为序进行排名，每年发布两次，其目的是促进国际超级计算机领域的交流和合作，以及促进超级计算机的推广应用。中国研制的曙光4000A和曙光5000A超级计算机曾两次位居全球第10名。德国莱比锡举行的“2013国际超级计算大会”上，正式发布了第41届全球超级计算机500强排名。由中国国防科技大学研制的天河二号超级计算机系统，以峰值计算速度每秒5.49亿亿次、持续计算速度每秒3.39亿亿次双精度浮点运算的优异性能位居榜首。根据最近的排名（2022年11月），中国的神威·太湖之光超级计算机在全球排名第四，而中国的天河二号在全球排名第六。此次虽然中国只有两台超级计算机入围TOP10，但TOP500中国占据162台，虽然比2021年的173台有所下降，但依然比欧洲多31台、比美国多36台，稳居世界第一的宝座。

超级计算机在科学计算、工程设计、数据处理、人工智能等领域具有极其重要的意义。中国政府将超级计算机作为国家科技发展的重点领域，制定了相关的政策和计划，2006年6月，中华人民共和国国务院印发《国家中长期科学和技术发展规划纲要（2006—2020年）》：该规划纲要提出了加强基础研究、加强重点突破、加强自主创新、加强能力建设四方面的重点任务，明确提出超级计算机等前沿技术是重点发展领域之一；2016年7月，国务院印发《“十三五”国家科技创新规划（2016—2020年）》：该规划提出了“十三五”时期科技发展的重点方向和主要任务，其中超级计算机被列为信息领域的重要前沿技术之一。只有瞄准核心科技埋头攻关，不断释放政策“红利”，助力我国科技从低端向高端发展，才能实现科技强国。

项目习题

一、填空题

1. OSI 分______层，第一层是________，第二层是________，第三层是________。
2. 物理层的协议数据单元是________、数据链路层的协议数据单元是________、网络层的协议数据单元是________。
3. 数据链路层的典型设备是________，网络层的典型设备是________。
4. 数据链路层被分为________和________两个子层。
5. MAC 层主要负责________，LLC 层主要负责________，网络层主要功能是________。
6. TCP/IP 模型以________为核心。OSI 是________模型，TCP/IP 模型是________。

二、简答题

1. 协议在计算机网络中有什么作用？ OSI 参考模型的作用是什么？
2. 为什么说 OSI 是参考模型？使用它有什么好处？
3. OSI 为什么采用分层结构，其目的是什么？
4. OSI 分为哪几层？各层的主要功能是什么？
5. 什么是帧？它与物理层的比特有什么联系和区别？
6. 数据在介质中传输时，为什么要以独立的数据包形式，而不以连续流的方式？
7. 网络层的作用是什么？它和链路层的数据传输有什么区别？
8. TCP/IP 模型和 OSI 参考模型有什么异同点？
9. 什么是 MAC 地址？ IP 地址？网络地址？主机地址？
10. 试说明 ClassA、ClassB、ClassC 三类地址。
11. 特殊用途的本机地址、广播地址是什么？
12. 试解释子网分割的原因与原理。
13. 简述子网掩码的功能。
14. 列出 OSI 第一层到第三层的典型网络设备及传输介质。

项目 4

组建局域网

04

学习目标

了解交换机的发展。
掌握交换机的功能、分类、主要性能指标与选择思路。
掌握交换机的配置方法。
理解并掌握局域网技术。
理解并掌握虚拟局域网技术。

思政目标

培养学生缜密的逻辑思维能力，养成良好的工作习惯，培养创新意识和发展意识。
树立精益求精的工匠精神来完成工作任务，从战胜困难、实现目标中体验快乐。
通过国产替代的讲解及使用，增强学生的爱国主义情怀，培养“四个自信”。

项目情景

公司接了一个中型网络规划设计项目，为某公司综合办公楼规划设计网络，现需要为各类办公室按业务要求分别配置信息接入点，分配IP地址，满足日常办公需求。因同一部门的人员可能分布在不同的楼层，不能相对集中办公。为防止一些重要部门的敏感信息被其他部门访问，要求提高网络传输速度的同时，各个部门的信息不能相互访问。请为该公司综合办公楼规划设计网络，进行网络划分，以满足实际需求。

项目分析

通常来讲，某公司综合办公楼的网络规划设计需要完成局域网中的VLAN划分、IP地址的合理规划和利用。要提前掌握TCP/IP协议、VLAN、交换技术等基础网络知识，为下一步网络规划设计打好基础。

解决思路

接到某公司综合办公楼网络规划设计项目后，公司派技术人员与客户洽谈，了解一些基本信息，并实地调研，充分了解客户需求和现状后，为公司各个部门组建局域网、划分VLAN。

在本项目中，需完成以下任务：

- 任务4.1 配置交换机
- 任务4.2 交换机Telnet连接
- 任务4.3 虚拟局域网（VLAN）的应用

任务4.1 配置交换机

任务书

任务	任务 4.1 配置交换机	所属项目	项目 4 组建局域网
任务描述	某公司进行网络改造，需要对网络设备进行配置并组建局域网。本任务主要是配置交换机，组建局域网。		
学习产品	交换机配置文档，eNSP 配置文件		
学习要求	一、预习任务 1. 交换机的功能。 2. 交换机的种类与性能。 3. 根据需求选择交换机。 4. 交换机的主要功能。 5. 交换机的主要组成部件。 二、掌握交换机的基础配置方法		

知识准备

4.1.1 交换机的产生与发展

网桥（Bridge）也称为桥接器，是连接两个或多个在数据链路层以上具有相同或兼容协议的局域网的一种存储—转发设备。网桥是数据链路层的连接设备，是为各种局域网存储转发数据而设计的，它对节点用户是透明的，节点在其报文通过网桥时，并不知道网桥的存在。相对于集线器而言，网桥是比较复杂的网络设备，两个网段分别连接到网桥的两个端口时，各网段中，只有标明了发送给另一个网段的信号才会通过网桥。后来，出现了多口网桥（例如20世纪90年代初采用较多的美国Starbridge 8口智能网桥产品），每一个端口可以连接一个网段。如果把集线器比喻成一根电线上串起来的多个电话机——同一时刻只能有一个话机说话，多口网桥就好像把多部话机连接到电信局——任何两部话机只要对方有空，就能够通信。因此，以10Mbps设备为例，集线器是共享10Mbps带宽，而多口网桥的每一个端口都独享10Mbps带宽。

多口网桥虽然很好，但由于网桥技术比较复杂，多口网桥造价很高。1993年，局域网交换设备出现，1994年，国内掀起了交换技术的热潮，网桥很快便失去了市场竞争力。其实，交换技术是在各端口之间实现的简化的、低成本的桥接技术。交换技术允许共享型和专用型的局域网段进行带宽调整，以减轻局域网之间信息流通出现的瓶颈问题。现在已有以太网、快速以太网和ATM技术的交换产品。交换机按每一个包中的MAC地址相对简单的决策信息转发，而这种转发决策一般不考虑包中隐藏的更深的其他信息。与多口网桥不同的是，交换机转发延迟很小，操作接近单个局域网性能，远远超过了普通桥接互联网络之间的转发性能。

4.1.2 交换机的功能

“交换”和“交换机”最早起源于电话通信系统（Public Switched Telephone Network，PSTN）。一些怀旧影片中通常会有这样的场景：某人在电话机旁狂摇几下（注意不是拨号），然后说“给我接×××”，话务员接到要求后就会把相应端线头插在要接的端口上，即可通话。这就是最原始的电话交换机系统，只不过它是一种人工电话交换系统，不是自动的，更不是我们所指的计算机交换机，但是今天的交换机就是在电话交换机技术上发展而来的。

交换机的主要功能包括物理编址、网络拓扑结构、错误校验、帧序列以及流量控制。目前一些高档交换机还具备了一些新的功能，如对VLAN（Virtual Local Area Network，虚拟局域网）的支持、对链路汇聚的支持，甚至有的还具有路由和防火墙的功能。

交换机里的高宽带背部总线和内部交换矩阵构成了它的核心部分。交换机的所有端口都挂在这条背部总线上，当控制电路接收到数据包后，首先，交换机的处理端口会查找内存中的目的MAC地址（即网卡的硬件地址），对照地址表后确定MAC的NIC（网卡）挂在哪个端口；然后，内部交换矩阵会将数据包直接传送到目的节点；最后，当检测到目的MAC不存在时，内部交换矩阵才会广播到所有端口，接收端口回应后，交换机会“学习”新的地址，并将它添加到内部MAC地址表中。从中可以看出这种传输方式有两个明显的优点：一是效率高，不会浪费网络资源，只需要对目的地址发送数据，一般来说不易产生网络堵塞；二是数据传输安全，因为它不是对所有节点都同时发送，发送数据时其他节点很难侦听到所发送的信息。这也是交换机为什么会很快取代集线器的重要原因之一。

此外，交换机还可以有效地隔离广播风暴，减少错误数据包的发生，并避免网络共享冲突。具体方法是通过交换机给网络“分段”，然后通过对照MAC地址表，只允许必要的网络流量通过交换机。

4.1.3 交换机的结构组成

交换机主要由背板、端口、缓冲区、逻辑控制单元和交叉矩阵等部件组成。

（1）背板

与计算机主板相似，可在上面插多个板卡。逻辑控制单元集成电路和交叉矩阵电路部件都设计在背板上。

（2）端口

一排物理接口，每个端口可连接一个站点或一个LAN。各端口之间可同时形成多个数据通道。端口之间的帧输入和输出不受CSMA/CD协议控制。在交换机上同时存在三个数据通道，连接站点与站点、站点与LAN、LAN与LAN，因此，相当于大大提高了网络带宽。

（3）缓冲区

交换机缓冲区是指交换机内部的一种存储资源，用于暂时存储来自不同网络设备的数据包。在数据通信中，不同设备之间的传输速率可能存在差异，而交换机缓冲区可以协调这种速率差异，确保数据包能够平滑地在不同设备之间传输。

（4）逻辑控制单元

管理交换机，识别连接到端口的LAN类型，自动进行源端口到目的端口的动态连接，并对每个端口进行流量控制。

（5）交叉矩阵

交换机的矩阵部件是一个在每两个端口之间都存在连接的交叉开关电路。它一旦接收到来自逻辑控制单元的指令，就启动源端口与目的端口之间的交叉连接，并保持该连接，直到数据帧通过并被确认。

4.1.4　交换机的分类

（1）按传输介质和传输速率划分

按照传输介质和传输速率，交换机可分为以太网交换机（10M）、快速以太网交换机（100M）、千兆以太网交换机（1G）、万兆以太网交换机（10G）、FDDI交换机、ATM交换机和令牌环交换机等多种。

（2）按网络规模或应用领域划分

按网络规模或应用领域划分，可分为工作组交换机、部门级交换机和企业级交换机。

工作组交换机：也叫接入交换机、桌面交换机，是最常见的一种交换机，主要用于办公室、小型机房、多媒体制作中心、网站管理中心和业务受理较为集中的业务部门等。在传输速率上，工作组交换机大多提供多个具有10/100Mbps自适应能力的端口，随着技术的成熟和成本的降低，10/100/1000Mbps的交换机也逐渐走向办公室应用和桌面应用，如图4-1-1所示。

部门级交换机：也叫汇聚层交换机，常用来作为扩充设备，在工作组交换机不能满足需求时可直接考虑用部门级交换机。部门级交换机支持更多的MAC地址，并具有良好的扩充能力，端口的传输速率基本上可达到1000Mbps，如图4-1-2所示。

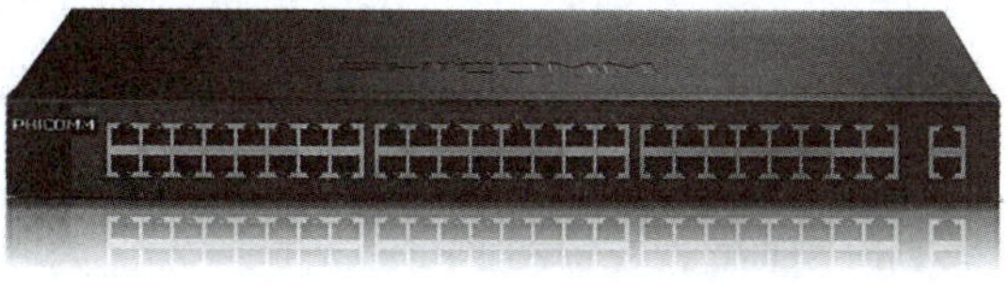

图 4-1-1　工作组交换机

图 4-1-2　部门级交换机

企业级交换机：也叫核心交换机。一般用于大型网络，且作为网络的骨干交换机。企业级交换机具有快速数据交换能力和全双工能力，具有提供容错等智能特性。端口的传输速率基本上可达到10000Mbps或以上，如图4-1-3所示。

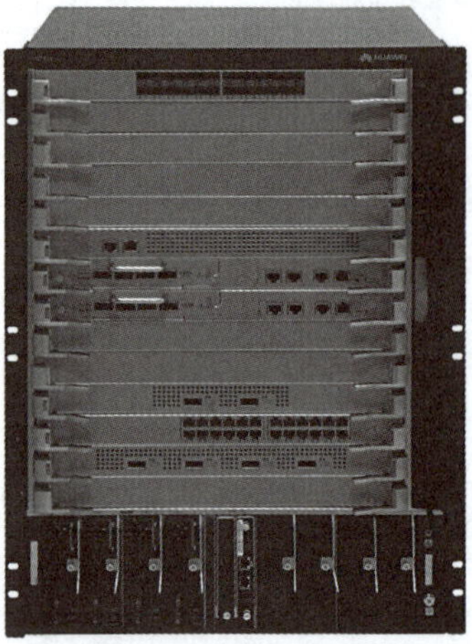

图4-1-3 企业级交换机

（3）根据工作在OSI中的层次分类

根据工作在OSI中的层次，交换机可分为第二层交换机和第三层交换机。

第二层交换机工作在OSI的第二层，即数据链路层。第二层交换机依赖于数据链路层中的信息（如MAC地址）完成不同端口数据间的线速交换，主要功能包括物理编址、错误校验、帧序列以及数据流控制。这是最原始的交换技术产品，目前桌面型交换机一般都属于这个类型，因为桌面型交换机一般来说所承担的工作复杂性不是很强，又处于网络的最基层，所以也就只需要提供最基本的数据链接功能即可。目前第二层交换机应用最为普遍（主要是价格便宜，功能符合中、小企业实际应用需求），一般应用于小型企业或中型以上企业网络的桌面层次。

第三层交换机比第二层交换机功能更强。第三层交换机可以工作于OSI的网络层，所以它具有路由功能。它将IP地址信息提供给网络路径选择，并实现不同网段间数据的线速交换。当网络规模较大时，可以根据特殊应用需求划分为小而独立的VLAN网段，以减小广播所造成的影响。通常这类交换机采用模块化结构，以适应灵活配置的需要。在大中型网络中，第三层交换机已经成为基本的配置设备。

（4）按端口数量来分类

交换机按端口数量来分可分为4口、8口、16口、24口、48口等，最常见的是24口交换机。

对于核心交换机来说，一般可以根据需要，插接业务板卡和端口板卡，比如插接48接口1000M板卡、12光纤接口和36接口1000M板卡，24光纤接口10G板卡等。

4.1.5 交换机的主要性能指标及选择

4.1.5.1 主要性能指标

（1）包转发速率

包转发速率又称为吞吐量，交换机的包转发速率标志了交换机转发数据包能力的大小，单位一般为pps（包每秒）。以太网包转发速率的最大理论值称为线速，以太网交换机达到线速才能有足够的能力以全速处理各种尺寸的数据封包转发。

（2）背板带宽

背板带宽标志着一个交换机总的吞吐能力。背板带宽越高，交换机的负载数据转发能力就越强。在以背板总线为交换通道的交换机上，任何端口接收的数据，首先被放到总线上，再由总线传递给目标端口，这种情况下，背板带宽就是总线的带宽。模块化的交换机一般采用交换矩阵，所以交换能力更强，而此时的背板带宽实际上指的是交换矩阵的总吞吐量。

（3）延时

采用直通转发技术的交换机有固定的延时，因为直通式交换机不管数据包的整体大小，而是根据目的地址来决定转发方向。所以，它的延时是固定的。采用存储转发技术的交换机由于必须要接收完完整的数据包才开始转发，所以数据包大，则延时大；数据包小，则延时小。

（4）全双工

全双工端口可以同时发送和接收数据。具有全双工功能的交换机可以获得2倍于单工模式通信的吞吐量，并且避免了数据发送与接收之间的碰撞。目前市场上的以太网交换机产品均支持全/半双工模式的自动转换。

（5）能否支持虚拟局域网（Virtual Local Area Network，VLAN）

通过把局域网划分成多个VLAN，可以控制不必要的数据广播。使用VLAN划分技术还可以灵活地将网络按照管理功能划分成多个虚拟的网络，从而突破了地理位置的限制，增强了网络的灵活性和安全性。

（6）能否支持生成树协议

生成树协议可以保证一个网络的冗余性。在一个网络中设置冗余链路，并用生成树协议让备份链路阻塞，在逻辑上不形成环路。一旦出现故障，再启用备份链路，增强了网络的健壮性。

（7）是否可管理

管理功能通过管理软件远程管理交换机。一般的交换机支持SNMP（Simple Network Management Protocol，简单网络管理协议）、MIB（Management Information Base，管理信息库）Ⅰ、MIBⅡ统计管理功能，而一些千兆交换机会通过增加内置RMON（远程监控）功能来支持RMON主动监视功能，从而进行网络管理。

（8）安全性

安全性越来越为人们所重视，交换机可以在底层把非法的客户隔离在网络之外。多数以太网交换机都支持MAC地址过滤的功能，还可以将MAC地址与固定的接口或者和VLAN绑定在一起。某些以太网交换机还可以通过访问控制列表（Access Control List，ACL）灵活地控制通过交换机端口的流量，从而提高网络的安全性。

4.1.5.2 交换机的选型

交换机是有线局域网中非常关键的网络设备之一，它是用来集中连接所有网络设备的，包括服务器、工作站及网络打印机等，所以它的选型对于整个网络来说是非常重要的。在一定意义上说，企业局域网就是由交换机组成的交换网，它不仅起着整个网络连接的作用，还是整个网络的一个神经中枢。交换机的选型所要考虑的方面非常多，既有交换机端口方面的考虑，也有交换机结构、智能化水平及工作在OSI层次等方面的考虑。

对于用户而言，交换机选型时，主要考虑外形尺寸、端口数量及速率、背板带宽、包转发速率、数据交换能力、扩展能力等。

（1）外形尺寸

外形尺寸主要考虑应用场合，如果需要放置在交换机柜内，就需要选择标准19英寸（48.26cm）宽度的交换机；如果放置在桌面上或其他位置，则不需要考虑这么多，可根据性价比择优选择。

（2）端口数量及速率

端口数量主要考虑到用户数量以及未来可能要扩展的用户数量。端口速率，可根据需要进行选择。比如，桌面型可选择24口100Mbps的交换机，现在交换机成本下降，价格也下降很多，对速率要求高的，也可以选择24口1000Mbps的交换机。汇聚层可选择24口1000Mbps的交换机。

说明： 交换机一般是向下兼容的，比如上面的交换机，100Mbps的交换机，一般是10/100Mbps自适应的；1000Mbps的交换机，一般是10/100/1000Mbps自适应的。以后的内容中，只讲最高速率，指的都是向下兼容型的，不再单独说明。

（3）背板带宽

考察交换机上所有端口能提供的总带宽。计算公式为：

背板带宽=端口数×相应端口速率×2（全双工模式）

对于可扩展类型的交换机（一般为可插板卡式的核心交换机）来说，如果总带宽≤标称背板带宽，则能够满足使用要求。

【例4-1】24口1000Mbps普通交换机的背板带宽为多少?

24×1000×2=48000Mbps=48Gbps。

【例4-2】某单位欲采购核心交换机，考虑到未来发展，至少需要4个万兆端口，48个千兆接口，24个千兆光纤接口，问此核心交换机的背板带宽至少为多少?

背板带宽=4×10000×2+48×1000×2+24×1000×2=224000Mbps=224Gbps，故此核心交换机最小背板带宽为224Gbps。

（4）包转发速率及其计算

决定包转发速率的一个重要指标就是交换机的背板带宽，背板带宽是交换机总的数据交换能力。一台交换机的背板带宽越高，其处理数据的能力就越强，包转发速率越高。

包转发线速的衡量标准是以单位时间内发送64byte的数据包（最小包）的个数作为计算基准的。在以太网的数据包中，最小的数据包为64byte/s，再加上8byte的前导字节和12byte的帧间间隙，共64+8+12=84byte。

对于百兆端口来说，每个端口速率为100Mbps，换算成字节为100/8=12.5Mbyte/s。

包转发速率=12.5/84=0.1488Mpps。

同理，千兆端口包转发速率1.488Mpps，万兆端口包转发速率14.88Mpps。

交换机的包转发速率，也称吞吐量，其计算公式为：

包转发速率=万兆端口数量×14.88Mpps+千兆端口数量×1.488Mpps+百兆端口数量×0.1488Mpps+其他端口数量×相应计算方法

【例4-3】某核心交换机，有4个万兆端口，48个千兆接口，24个千兆光纤接口，问此交换机的包转发速率为多少?

包转发速率=4×14.88+48×1.488+24×1.488=166.656Mpps。

4.1.6　交换机配置知识

4.1.6.1　交换机基础配置知识

（1）带外管理和带内管理

带外管理（Out-Band Management），即用户通过Console口对交换机进行配置管理，如图4-1-4所示。通常在首次配置交换机或者无法进行带内管理时使用带外管理方式。使用带外管理的时候，可以采用Windows操作系统自带的超级终端程序来连接交换机。当然，用户也可以采用自己熟悉的终端程序。

带内管理（In-Band Management），即通过Telnet程序，或者是HTTP协议，或者是厂商配备的网管软件对交换机进行配置管理，如图4-1-5所示。当带内管理失效时，必须使用带外管理对交换机进行配置管理。

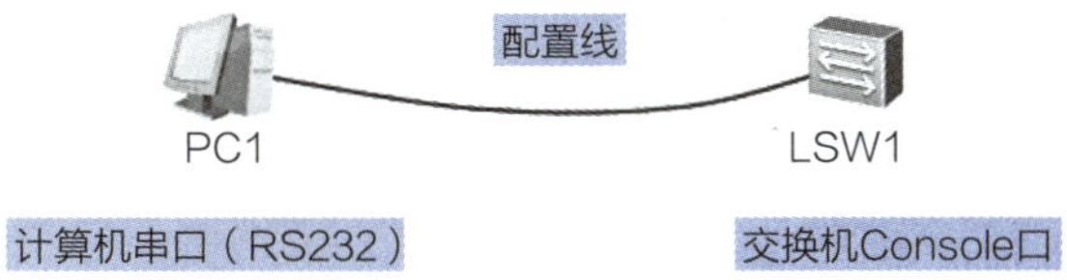

图 4-1-4　带外管理连接图

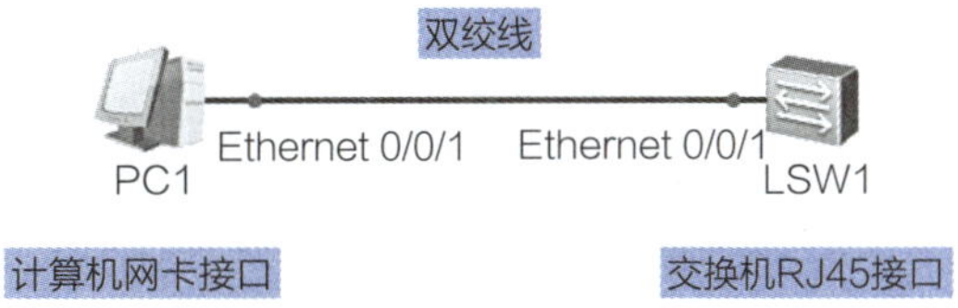

图 4-1-5　带内管理连接图

通过Telnet方式管理交换机步骤如下。

①交换机设置IP地址（部分交换机有此功能）。

②交换机设置授权Telnet用户。

③配置主机的IP地址，这要与交换机的IP地址在一个网段中。

④运行Windows自带的Telnet客户端程序，并且指定Telnet的目的地址。

⑤登录到Telnet的配置界面，输入正确的登录名和口令，否则交换机将拒绝该Telnet访问。

（2）交换机的配置模式

用户模式：一般交换机第一次启动的时候进入用户配置模式。用户进入CLI界面（Command-Line Interface，命令行界面），首先进入的就是用户配置模式，提示符为“<Huawei>”**（本书以华为交换机为例进行讲解，下同）**。此时用户不能对交换机进行任何配置，只能执行查询、登录其他设备、文件管理、保存配置等命令。

系统模式：在用户配置模式中使用system-view命令，可以进入系统模式。如果已经配置了进入系统模式的口令，则输入相应的用户口令，即可进入系统配置模式“[Huawei]”，此时用户可以对交换机进行所有的配置。比如查询交换机的配置信息、各个端口的连接情况、收发数据、设置MAC地址表、路由配置、创建端口镜像、创建VLAN、启动STP等。

接口配置模式：在系统模式下，使用命令Interface就可以进入相应的接口配置模式。交换机有两种类型端口：VLAN端口（虚拟端口）和以太网端口。在[Huawei]提示符下输入Interface　VLAN　XXX命令，可进入VLAN端口配置模式，此时可配置交换机的IP地址，设置、管理VLAN。使用命令interface Ethernet端口号进入以太网端口配置模式，此时可配置以太网接口双工模式、速率、广播抑制等。

VLAN配置模式： 在全局配置模式下，使用命令VLAN号，就可进入VLAN配置模式，此时用户可以配置VLAN的成员及VLAN属性。

还有其他配置模式，比如aaa配置模式、线路模式等。

几种模式的前后顺序如图4-1-6所示。

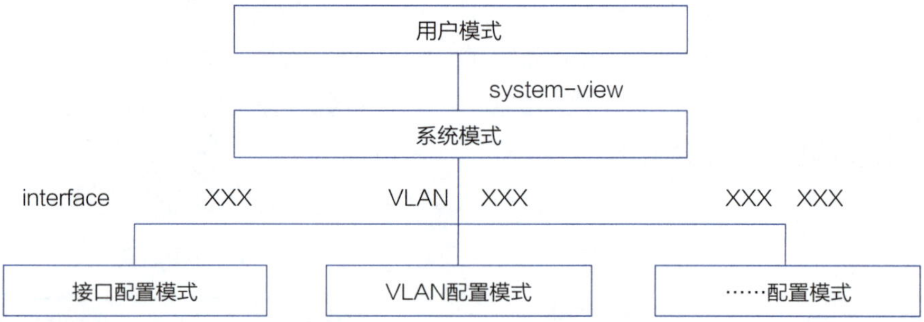

图 4-1-6　几种模式的前后顺序

4.1.6.2　交换机常用命令

交换机常用命令可以简写，只输入前几个字母，只要命令唯一就可以。键盘上的Tab键可以补全命令，只要唯一，可以不补全，一样可以执行。“?”可以显示所有命令，对于命令记不全的情况，也可以输入前几个字母，再按“?”键，可以显示前几个字母为刚才输入字母的所有命令。

下面是交换机常用的命令和提示信息。

用户模式:（提示符< >）

系统模式:（提示符[ ]）

system-view：进入系统模式

? ：查看可用命令

Tab：键补全命令

quit：返回上一级

clear：清除相关功能

display：显示相关信息

sysname：更改设备名称

display current-configuration（可简写dis cu）：显示当前运行配置

save：保存配置

任务实施

任务4.1 配置交换机

任务描述

公司接了一个中型网络规划设计项目，为某公司综合办公楼规划设计网络，现需要为各类办公室按业务要求进行网络划分并进行交换机的基本配置。熟悉交换机的连接方式、不同模式切换，为后续的网络划分做好准备。

任务准备

计算机，交换机、Console线缆一根、超级终端软件或者SecureCRT、MobaXterm等终端软件，直通线若干（或者使用eNSP模拟软件）。

任务指导

①了解交换机的基本原理及其功能。观察交换机的外部结构，弄清各外部接口的作用、接线方式及各指示灯状态的含义。

②给交换机加电，仔细观察交换机加电过程中各指示灯状态的变化，弄清交换机在此过程中都做哪些工作。

③连接计算机网卡和交换机，观察交换机指示灯的变化，其次通过Console口配置交换机。

④使用专门的配置线缆，将交换机的Console口和计算机的串口相连，通过Console端口连接并配置交换机，是配置和管理交换机必须经过的步骤，也是最常用、最基本的网络管理员必须掌握的管理和配置方式。

⑤打开计算机的超级终端，如果附件中没有发现超级终端组件，可通过“添加”—“删除程序”的方式添加该组件。

⑥配置超级终端。在使用超级终端建立与交换机的管理之前，必须先对超级终端进行必要的配置。

- 单击“开始”→“所有程序”→“附件”→“通信”→“超级终端”，如图4-1-7所示。
- 在连接描述界面中输入新连接的名称，单击“确定”按钮，弹出如图4-1-8所示的界面，在“连接时使用”一栏中选择连接使用的串口。
- 串口选择完毕后，单击“确定”按钮，弹出如图4-1-9所示的配置串口属性界面，设置每秒位数为9600，数据位为8，奇偶校验为无，停止位为1，数据流控制为

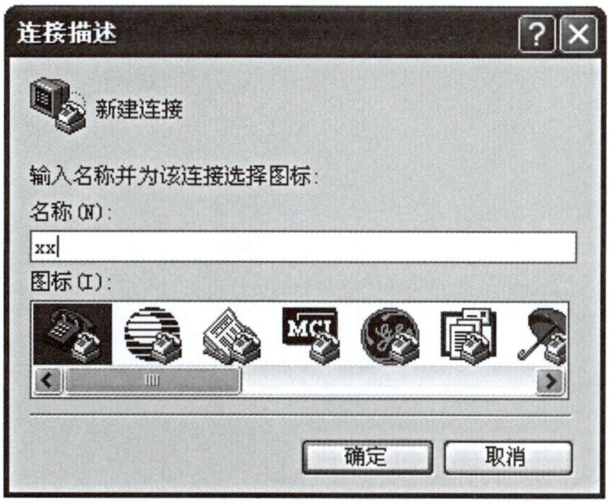

图 4-1-7 超级终端连接界面

无。单击“确定”按钮，如果通信正常就会出现如图4-1-10所示的交换机配置主界面，再按“Enter”键，在这个窗口中就会显示出交换机的初始配置情况。

● 其他第三方工具的配置，比如SecureCRT、MobaXterm等，在会话界面选择Serial或串口连接，参数设置参考图4-1-11和图4-1-12，连接成功后，会出现相应的提示符，和超级终端连接成功后的提示是一样的。

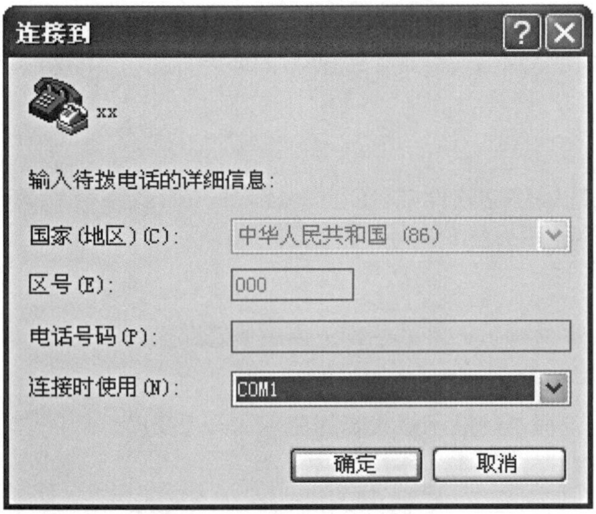

图 4-1-8　超级终端选择串口界面

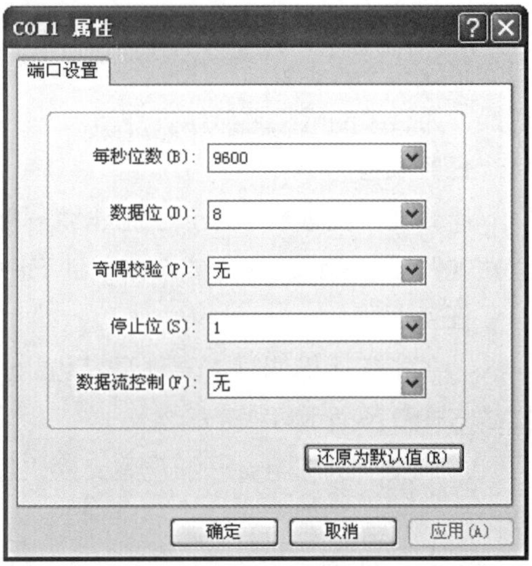

图 4-1-9　超级终端配置串口属性界面

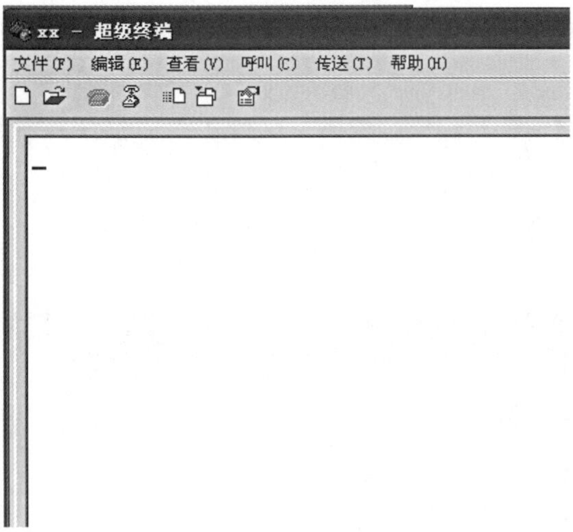

图 4-1-10　交换机配置主界面

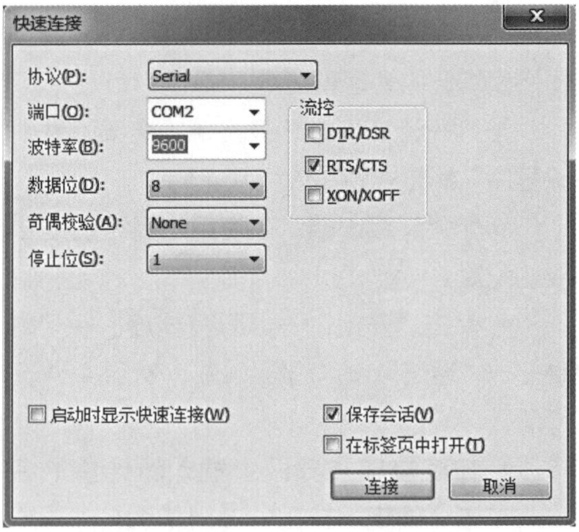

图 4-1-11　SecureCRT 连接超级终端配置示意图

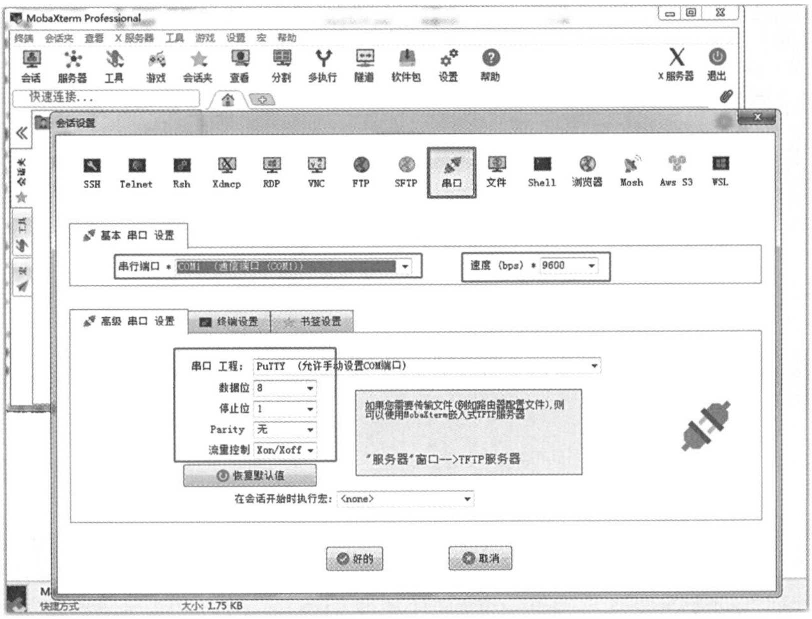

图 4-1-12　MobaXterm 连接超级终端配置示意图

⑦不同视图的相互切换。

- 首先进入的是用户模式，提示符为：<Huawei>。
- 接着进入系统模式，在<Huawei>状态下输入“system-view”，提示符变为：[Huawei]。
- 从全局模式进入接口模式，在[Huawei]中输入“interface e0/0/1”，提示符变为：[Huawei-Ethernet0/0/1]，此时也进入到e0/0/1接口。
- 返回，依次输入“quit”，即可退出到上一级界面，如图4-1-13所示。

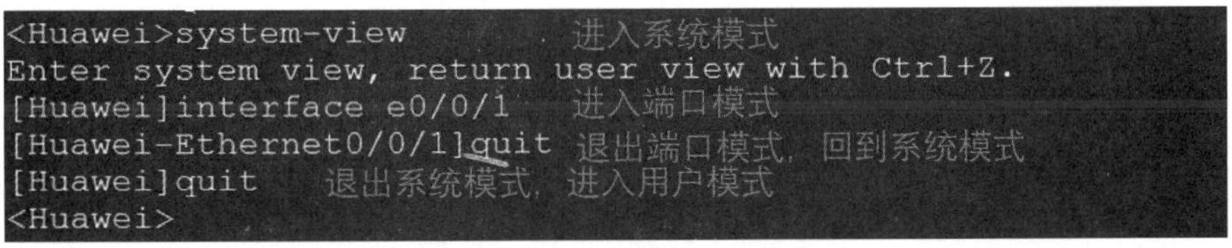

图 4-1-13　不同模式间的切换

⑧交换机密码配置。

- 默认登录交换机是不需要密码的，这样可能会带来一定的风险，为交换机设置控制台登录密码。

[Huawei]user-interface console 0　//进入控制台用户

[Huawei-ui-console0]authentication-mode password //设置认证方式为密码认证

交换机本地管理密码配置

```
[Huawei-ui-console0]set authentication password simple 123   //设置简单认证密码为123
```

- 也可以设置需要用户名和密码的登录方式，这时，需要通过aaa认证模式来设置用户。

```
[Huawei]aaa                                            //进入aaa认证模式
[Huawei-aaa]local-user admin password simple 123       //设置用户名和简单密码
[Huawei-aaa]local-user admin service-type terminal     //设置admin用户只能登录终端，此处必须设置，如果不设置，默认拒绝任何登录
[Huawei-aaa]local-user admin privilege level 3         //设置登录后的权限，0为参观级，1为监控级，2为配置级，3~15为管理级
[Huawei-aaa]quit
[Huawei]user-interface console 0                       //进入控制台用户
[Huawei-ui-console0]authentication-mode aaa            //设置认证方式为aaa认证
```

任务总结

要求撰写实训总结时，把完成任务过程中遇到的问题与解决方法、未解决或需要进一步探讨的问题，以及任务实践过程中的收获和经验教训的内容写入实验报告并提交。

任务4.2 交换机 Telnet 连接

任务书

任务	任务 4.2 交换机 Telnet 连接	所属项目	项目 4 组建局域网
任务描述	某公司进行网络改造，需要对网络设备进行配置组建局域网。本任务主要是学习交换机的远程配置。		
学习产品	交换机配置文档，eNSP 配置文件		
学习要求	一、预习任务 1. 局域网的主要特点。 2. 以太网局域网的分类。 3. 影响局域网性能的三大因素。 4. 交换式局域网的工作原理。 5. 交换式局域网的交换方式。 二、掌握交换机的远程配置方法		

知识准备

4.2.1 局域网概述

局域网LAN（Local Area Network）是一种自建的跨越范围小、传输介质多样、协议层次简单、速度快、可靠性高、误码率低、私密性强的小规模网络。

它是在几米到数千米范围内，将一个或多个建筑物中的计算机相互连接成网以供用户快速实现网络通信和资源共享的小规模计算机网络。

（1）资源共享机制

局域网（LAN）起初是将待共享资源放到用于网络管理和资源共享的文件服务器上，效率低，而且随着网上PC机数量的增多或工作量的加大会导致网络阻塞。原因是要共享资源都只能访问服务器以寻求所需文件，然后经由网络将其从文件服务器传送到请求信息的站点。

20世纪90年代出现的C/S（Client/Server）机制将应用分为运行在请求服务的客户机端

和提供服务的服务器端两部分。客户机要获取数据资源，便向服务器发送指定条件的请求，服务器将满足条件的相关记录回送请求它的客户机，因为在网上传递的只是满足条件的若干条记录而不是整个文件，使得经由网络传递的数据量大大减少而充分提高了网络效率。

（2）局域网的主要构件

计算机网络是为实现资源共享而相互连接的计算机系统集合，要构成LAN，首先就得有计算机，而要相互连接还必须有传输介质，第三是必须配备网卡，第四是要有RJ-45等各种连接器件。具备上述四种网络构件，便可用以搭建简便的LAN硬件平台。除了硬件环境，还得有控制和管理LAN的操作系统、网络协议与网络软件等。

另外，局域网既可采用C/S（Client/Server）机制，也可部署成点对点的对等网络（Peer to Peer）。前者是一对多（即服务器对客户端）的主从关系，而后者的节点是平等的，每个节点都依据自己的方式存储和处理数据。

4.2.2 局域网的主要特点

（1）Internet与WAN、LAN

Internet是由路由器互联的遵循TCP/IP协议的全球范围的计算机网络系统集合。它所连接的是众多的计算机网络而不是针对具体的计算机。

WAN（Wide Area Network，广域网）是由节点计算机、节点交换机及链路远距相连而成的单个网络。节点交换机在网络中进行数据帧（Frame）的存储转发（Store Foeward）。所以，覆盖范围再大的广域网也不是互联网，因为Internet的基本特征是依据网络地址的网络“互联”，借助于路由器在众多互联的网络中进行数据分组（Packet）的路由。而WAN没有网络地址，它只是大范围的依据网卡号（MAC地址）在计算机间寻址的计算机网络。

LAN（Local Area Network，局域网）运用共享机制，在无源介质上基于相应的介质访问控制协议（CSMA/CD、TokenBus、TokenRing）实现资源共享。以太网就是竞争下的广播方式，LAN无须路由，即便是交换也是通过交换机背板上的端口来进行带宽的分配、转接和平衡而已。

（2）局域网的主要特点

从OSI/RM协议层次角度看，局域网只包含下两层的功能。概括而言，其主要特点有以下几点。

①网络覆盖范围小，所面对的用户少，也相对集中；采用数据帧（Frame）方式进行数据传输；可提供数据、语音、图像和视频等多媒体服务。

②由于跨越范围小，速度快、时延小、成本低、可靠性高，其信道利用率不是重点，无须中间交换，无须路由选择，所以也无须设置网络层。

③所采用的拓扑结构是广域网中难得一用的总线、星型或环型等。

④可支持的传输介质种类多，运用多种介质访问控制方式，结合共享广播信道和分布式控制，实现多源、多目的的链路管理。

⑤速率高：10M→100M→1G→2G→10G→100Gbps，是高速线路相连的高速网。

⑥由于通信距离短，信道干扰小，传输质量高，所以误码率低，一般在10^{-6}以下。

⑦LAN是遵循IEEE802、终端接口等标准的自建私有网络，具有组网灵活、便捷、成本低、私密性强、安全可靠、便于扩缩和管理等良好性能。

4.2.3　以太网局域网的分类

一个局域网应该从属于哪种类型，要看所依据的分类方式。由于分类方法多，因此一个局域网可以归属于多种类型。例如可以按拓扑结构、传输介质、介质访问控制方式和所采用的网络操作系统等多种方法进行分类。

由于以太网是当前应用较普遍的局域网技术，因此它很大程度上取代了其他局域网标准，如令牌环、FDDI等。历经100M以太网在20世纪末的飞速发展后，目前千兆以太网甚至100G以太网正在国际组织和领导企业的推动下不断拓展应用范围。

以太网技术是在IEEE802.3系列标准中定义的，目前主要有四类：

10Mbit/s传统以太网

100Mbit/s快速以太网

1000Mbit/s千兆以太网

10Gbit/s万兆以太网

目前更高速率的以太网技术——100Gb/s（也就是10万兆以太网）标准早在前些年就由IEEE的高速研究组（Higher Speed Study Group）研究制定之中，但目前在研究小组内部及业界出现了一些标准上的分歧，最主要的反对声音就是认为没有必要现在就推出这么高的速率标准，认为40Gb/s已非常实用了。

（1）传统以太网

传统以太网将若干计算机连到同一条同轴电缆上。工作时，为保障同一时刻只有一台计算机发送数据，采用CSMA/CD（Carrier Sense Multiple Access with Collision Detection）具冲突检测（CD）功能的载波监听多路访问（CSMA）介质访问控制方法，有效地解决总线LAN介质共享下信道分配的冲突问题。

传统以太网也称10M以太网，采用CSMA/CD解决总线LAN介质共享下信道分配的冲突问题。总共有4种，分别是10Base-2、10Base-5、10Base-T和10Base-F。这4种以太网的MAC子层和物理层中的编码都是一样的，只是物理层中的收发器和媒体连接方式有所不同。表4-2-1比较了这4种以太网。

表4-2-1　传统以太网比较

标准号	传输媒介	单网段最大传输距离（m）	拓扑结构	线路延长设备	最大网段数
10Base-2	细同轴电缆	185	总线	中继器	5
10Base-5	粗同轴电缆	500	总线	中继器	5
10Base-T	3、4、5 类非屏蔽双绞线	100	星型	集线器	5
10Base-F	单模 / 多模光缆	多模：2000 单模：40000	星型	集线器	2

在这些标准中前面的数字表示传输速度，单位是“Mbps”，最后的一个数字表示单段网线长度（基准单位是100m），Base表示“基带”的意思，Broad代表“带宽”。

（2）快速以太网

快速以太网（100Mbps以太网）是3Com、Intel、Sun和Bay Networks等公司组成的快速以太网联盟研制的一种高速网络技术，其标准是IEEE802.3u。

快速以太网（Fast Ethernet）根据所采用传输介质，定义了4种物理层标准。

100Base-FX：使用2对光纤，其中一对用于发送，另一对用于接收。

100Base-TX：使用2对5类UTP或STP，其中一对用于发送，另一对用于接收。

100Base-T2：使用2对3类或5类UTP，一对发送，另一对接收。

100Base-T4：使用4对3类或5类UTP，用3对线同时传送数据，另1对线用作冲突检测的接收信道。

（3）千兆以太网

随着以太网技术的深入应用和快速发展及多媒体的广泛应用，1996年6月IEEE标准委员会批准千兆位以太网方案授权申请（Gigabit Ethernet Project Authorization Request），成立802.3z工作组着手光纤与短距离屏蔽双绞线的Gigabit Ethernet物理层标准。

它是在10Mbps、100Mbps以太网标准基础上的延伸，提供了1000Mbps的数据带宽。这使得千兆位以太网成为高速、宽带网络应用的战略性选择。

千兆以太网主要有以下几种标准：1000BASE-LX（长波长激光）、1000BASE-SX（短波长激光）、1000BASE-CX（屏蔽铜缆）和1000BASE-T（非屏蔽5类双绞线）。

（4）万兆以太网

快速以太网是以太网技术发展的重要里程碑，确立了它在桌面应用中的统治地位。随后出现的千兆网更加快了其发展进程。然而其绝对优势毕竟还只是在局域网范畴，由于传输距离等原因，人们普遍认为它难以用于城域、广域，也难以在汇聚层尤其是主干层有所作为。万兆以太网技术也因此在人们的企盼中应运而生。

1999年年底成立了IEEE802.3ae工作组进行万兆位以太网技术（10Gbps）的研究，并于2002年正式发布IEEE802.3ae 10GE标准。万兆位以太网不仅再度扩展了以太网的带宽和传输距离，更重要的是使得以太网从局域网领域向城域网领域渗透。

2002年7月18日，IEEE正式通过10GBASE-X、10GBASE-R和10GBASE-W三种万兆以太网的802.3ae。依据光纤波长的不同主要有2～300m（光纤距离为2m到300m）的10GBASE-SR/SW；2～10km（光纤距离为2m到10km）的10GBASE-LR/LW；能够达到40km（光纤距离最远可达40km）的10GBASE-ER/EW。

值得说明的是，802.3ae万兆以太网与千兆网类似，仍保留以太网帧结构，只是通过更先进的编码方式和波分复用技术具备了10Gbps的传输速度，所以就其本质而言，仍是一种以太网。

（5）十万兆位以太网（40G/100G）

作为最新的网络应用，2010年IEEE发布了IEEE802.3ba，该标准同时定义了两种传输速率（40G/100Gbps）的40GBASE-CR4、40GBASE-SR4、100GBASE-CR10、

100GBASE-SR10的4种应用标准。

这里CR表明可以使用双绞线跳线传输，但最远距离只有7m。40GBASE-SR4使用8芯多模光纤，100GBASE-SR10使用20芯多模光纤。

（6）下一代更高速率以太网（400G）

随着互联网、云计算、移动宽带、数码技术等的快速发展，网络传输带宽需求呈现爆炸式增长。2012年9月在日内瓦的IEEE全会上各成员单位达成共识，选择400G速率开发下一代高速以太网，从而就此正式开启400GE的标准化进程。

从客观条件、理论限制、光电器件与材料、工程工艺技术的综合发展而言，以太网速率不太可能再按过去10倍递增速度发展，所以400G后，最有可能会是1.6T。

4.2.4　介质访问控制方式

（1）影响局域网性能的三大因素

传输介质：将决定着数据信道的容量，即所能提供的传输速率bps（bit per second）。

拓扑结构：网络的几何构型，即物理结构布局。

通信协议：即介质访问控制方式，控制网上站点如何公平、有效地共享传输介质。

从图4-2-1中可以看出，数据链路层被划分成与传输介质无关的逻辑链路控制LLC（Logic Link Control）和与所接入介质相关的介质访问控制MAC（Medium Access Control）两个子层，其服务访问点SAP设在LLC子层与高层协议界面上，而信道分配和介质访问控制等则由MAC子层承担。

（2）介质访问控制方式的概念

将传输介质的可用频带有效地分配给网上共享节点的方式称为介质访问控制方式。简单来说，就是如何利用介质有效地进行数据接收与发送。它是一种分配介质使用权限的机理、策略、算法与关键技术，对局域网的体系结构、工作过程和网络性能有着决定性的影响。评价一

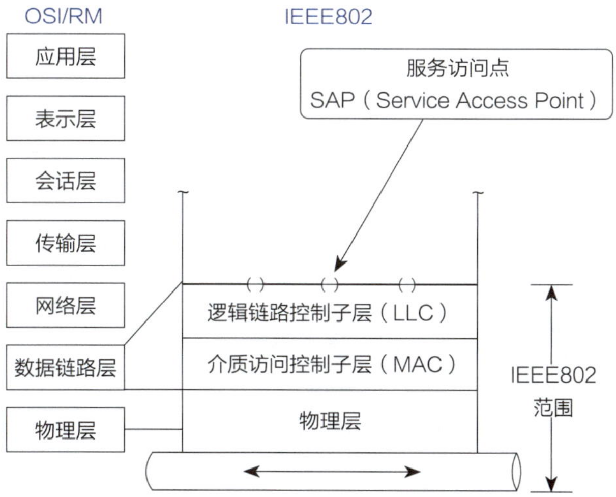

图 4-2-1　局域网的协议层次

种介质访问控制方式依据三个要素：一是协议是否简单；二是信道利用率是否高效；三是对网上各节点是否公平。

（3）介质访问控制方式

介质访问控制根据所采用的控制方式分静态信道分配和动态介质访问两种方式。

其中，静态方式是将介质划分为彼此独立的信道后指定给特定用户专用，适用于信息流稳定且能有效利用专用信道的网络环境，如有线电视采用的就是频分多路复用技术。

对于突发性的计算机网络业务，更适合动态介质访问技术，即轮询和争用两种方式。

①轮询。轮询是一种有序的确定型介质访问控制协议，如令牌传递等，网络站点轮流获得数据发送机会。轮到本站时，即可发送预定的上限量数据，完毕便把发送权送到逻辑序列的下一站点。发送次序既可以是集中式的控制型轮询，也可以是分布式的令牌传递型轮询。

②争用。即随机型的介质访问控制，由待发送数据的站点竞争网络带宽的使用时机。

争用技术通常适于突发通信。在争用方式下，不事先确定站占用媒体的机会，而是让所有站以同样的方式竞争占用媒体，其主要优点是实现简单，网络负荷小的情况下比较适用。

1980年2月IEEE成立了局域网标准委员会进行局域网标准的制定，经多年努力建立了包括802.1～802.12，802.14～802.17，802.20～802.21等多个工作组，形成了IEEE802标准系列。

IEEE802标准规定了局域网中最常用的介质访问控制方法：带冲突监测和载波侦听多路访问（CSMA/CD）、令牌总线（TOKEN-BUS）和令牌环（TOKEN-RING）。CSMA/CD是一种基于竞争和冲突的协议，而令牌协议是一种按固定顺序分配传输介质的无冲突协议。

4.2.5 CSMA/CD

最初的以太网是将许多计算机都连接到一根总线上，因为这样连接既简单又可靠。这种方式在使用过程中却显露了其缺点，比如，工作在同一时间的计算机，只能允许一台计算机发送信息，多台同时发送时各计算机之间就会相互干扰，造成使用者无法正常发送数据。因此，为了保证以太网的正常工作，它采用了一种特殊的协议CSMA/CD进行协调。

CSMA/CD是Carrier Sense Multiple Access with Collision Detection的简称，即具有冲突检测（CD）功能的载波监听多路访问（CSMA）的介质访问控制方法。CSMA/CD采用随机访问和竞争技术，这种技术适用于总线拓扑结构网络，能有效地解决总线LAN中介质共享、信道分配和信道冲突等问题。

Multiple Access（多点接入）表示许多计算机以多点接入的方式连接在一根总线上；Carrier Sense（载波监听）是指每一个站在发送数据之前先要检测一下总线上是否有其他计算机在发送数据，如果有，则暂时不要发送数据，以免发生碰撞。其实，总线上并没有什么“载波”。因此，“载波监听”就是用电子技术检测总线上有没有其他计算机发送的数据信号。“碰撞检测”就是计算机边发送数据边检测信道上的信号电压大小。当几个站同时在总线上发送数据时，总线上的信号电压摆动值将会增大。当一个站检测到的信号电压摆动值超过一定的门限值时，就认为总线上至少有两个站同时在发送数据，表明产生了碰撞。所谓“碰撞”就是发生了冲突。因此“碰撞检测”也称为“冲突检测”。在发生碰撞时，总线上传输的信号产生了严重的失真，无法从中恢复出有用的信息来。每一个正在发送数据的站，一旦发现总线上出现了碰撞，就要立即停止发送，以免继续浪费网络资源，然后等待一段随机时间后再次发送。当某个站监听到总线是空闲时，也可能总线并非真正是空闲的。

图4-2-2检测到冲突的原因是A向B发出的信息，要经过一定的时间后才能传送到B，B若在A发送的信息到达B之前发送自己的帧（因为这时B的载波监听检测不到A所发送的信息），则必然要在某个时间和A发送的帧发生碰撞，碰撞的结果是两个帧都变得无用。

当冲突发生时，检测到冲突的发生设备，将持续传输一个特定的时段，以保证网络上所有的设备测到冲突，这称为“拥塞信号”。拥塞信号用于通知其他设备发生了冲突，以便它们调用回退算法。回退算法将使所有设备停止发送一段随机时间，以让冲突消除并使介质恢复。CSMA/CD工作过程可以16个字来概况：先听后发、边听边发、冲突停发、延时重发。

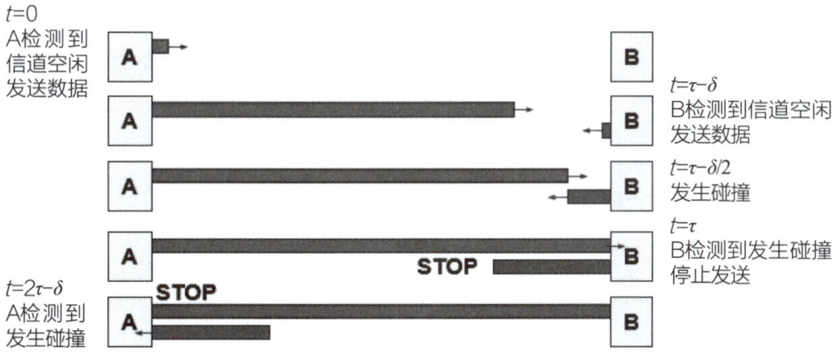

图 4-2-2　冲突检测的原因

4.2.6　令牌总线介质访问控制方法

令牌总线（Token Bus）是一种在总线拓扑结构中利用“令牌”作为控制节点访问公共传输介质的确定型介质访问控制方法。令牌总线被IEEE802.4工作组标准化。在采用令牌总线方法的局域网中，任何一个节点只有在取得令牌后才能使用共享总线去发送数据，其他节点只能接收信息，或者在拥有令牌的节点要求下被动地发送信息。取得令牌的站点有报文要发送则可发送，随后将令牌传递给下一个站点；如果取得令牌的站点没有报文要发送，则立刻把令牌传递到下一站点。由于站点接收到令牌的过程是顺序依次进行的，因此对所有站点都有公平的访问权，但这种公平也带来一些问题，比如某站有紧急数据需要发送时也要等待令牌的到来，解决的办法是设定优先级。

与CSMA/CD方法相比，令牌总线方法比较复杂，需要完成大量的环维护工作，包括环初始化、新节点加入环、节点从环中撤出、环恢复和优先级服务等。

4.2.7 交换式局域网

随着局域网设备数量的不断增加，用户访问网络也变得更加频繁，为了解决传统以太网的冲突域问题，局域网从共享介质方式发展到交换式局域网。

4.2.8 广播域与冲突域

广播域是站点发出广播信号后，所能接收到该信号的计算机的集合。通常路由器的每个端口是一个广播域，交换机所有端口在同一个广播域内。如果不划分广播域的话则整个Ineternet都将受到影响，因为理论上所有联网的计算机都能收到广播。

一个站点向另一个站点发出信号后，除目的站点外，有多少站点能收到该信号，这些收到信号的站点就构成一个冲突域。通常交换机的每个端口是一个冲突域，集线器的所有端口在同一个冲突域。不划分冲突域的话，则网络始终处于共享模式，速度极慢，效率极低。因为在冲突域内某一时刻只允许一台计算机发送信息，其他计算机处于接收状态。

从某种程度上讲，集线器、交换机、路由器的“依次登场”，是因为网络需要划分、调整冲突域和广播域，以此来提高网络质量。当然，这两个概念对于非计算机网络专业的学生而言，并不需要深刻理解。

4.2.9 交换式局域网的结构与特点

交换式局域网通过交换机在源端口和目的端口之间建立专用的虚拟通信信道实现点到点通信。现在假设主机A与主机B通信，交换机内部会在端口1（与A连接）和端口2（与B连接）之间建立一条临时的虚拟通道，该通道由A与B专用，帧只会从A到B或者从B到A，不会发送给其他的主机，实现源主机和目的主机的点到点通信，当A与B通信结束后该通道撤销。

交换式局域网使每个主机独享带宽，而传统总线型以太网是共享带宽。在交换式局域网中，A与B通信，通过临时虚拟通道实现全双工通信，A可以用10M的带宽发送数据给B，同时B也可以以10M的带宽发送数据给A。另外如果C要与D通信，则建立另外一条临时虚拟通道，C与D同样可以实现10M的带宽。然而，在总线型网络中，总线上某一时刻只允许一个主机发送数据，比如现在A在发送数据给D则A享有10M带宽，其他要发送数据的主机必须等待，则其他主机此时的可用带宽为0，这10M带宽是所有主机分时占有，为所有主机所共享。

交换式局域网通过Ethernet Switch支持交换机端口节点之间的多个并发连接，实现多节点之间数据的并发传输，因此可以增加局域网带宽，改善局域网的性能与服务质量。

4.2.10　交换式局域网的工作原理

以太网交换机首先从物理层收到比特流，数据链路层将比特流转换成数据帧，即从比特流中把帧识别出来（主要是识别出帧的起始位置和终止位置），称为帧同步。帧头中含有源主机MAC地址和目的主机MAC地址。

当交换机从某端口每收到一个帧都查看其源MAC地址，并将该MAC地址和对应的端口号记录下来，最后将建成一张MAC地址表。交换机就通过该表识别连接在每个端口的计算机，并且交换机每学习一个MAC地址，就启动一个计时器，如图4-2-3所示。这个计时器如果超时都没使用这个MAC地址，那么它就会将该MAC地址从地址表中删除（称为地址老化），这是为了让交换机能学习到正确的MAC地址。如果查看一个帧的源MAC地址，该MAC地址和对应的端口号已存在MAC地址表中，就不用重新学习，而重置该MAC地址的计时器。

除了查看源MAC地址，交换机还要从刚才学习到的MAC地址表中查找目的MAC地址，如果能够找到该目的MAC地址，就从其对应的端口转发出去。如果没找到该目的MAC地址，那么将该帧转发到除本端口以外的所有端口，这样该帧就会到达其他所有的主机（发送端口除外），然后接收到该帧的计算机都检查该帧的目的MAC地址是否和自己的相同，如果不同就丢弃，如果相同就回应该帧，在回复的过程中，交换机就学习到了该主机的MAC地址。然后再遇到发往该MAC地址的帧时，交换机就不用再泛洪此帧，而是直接通过对应的端口转发出去。

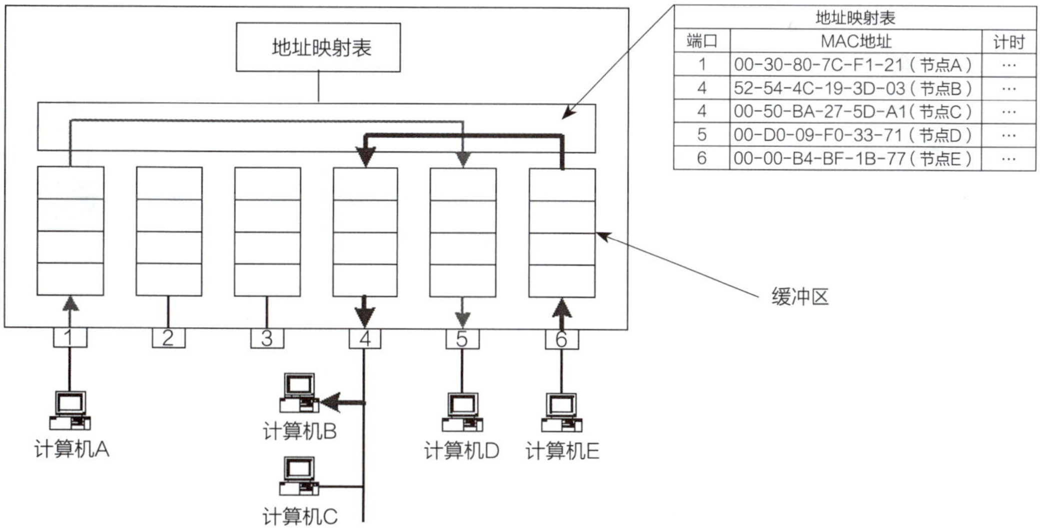

地址映射表		
端口	MAC地址	计时
1	00-30-80-7C-F1-21（节点A）	…
4	52-54-4C-19-3D-03（节点B）	…
4	00-50-BA-27-5D-A1（节点C）	…
5	00-D0-09-F0-33-71（节点D）	…
6	00-00-B4-BF-1B-77（节点E）	…

图 4-2-3　交换机的工作过程示意图

4.2.11 交换式局域网的交换方式

交换式局域网的数据交换与转发方式可以分为直接交换、存储转发交换和无碎片直通3类。

（1）直接交换

在直接交换方式下，交换机边接收边检测。一旦检测到目的地址字段，便将数据帧传送到相应的端口上，而不管这一数据是否出错，出错检测任务由节点主机完成。这种交换方式交换延迟时间短，但缺乏差错检测能力，不支持不同输入/输出速率的端口之间的数据转发。

（2）存储转发交换

在存储转发方式中，交换机首先要完整地接收站点发送的数据，并对数据进行差错检测。如接收数据是正确的，再根据目的地址确定输出端口号，将数据转发出去。这种交换方式具有差错检测能力，并能支持不同输入/输出速率端口之间的数据转发，但交换延迟时间较长。

（3）无碎片直通

无碎片直通交换方式是一种改进的直接交换方式，是将直接交换与存储转发交换结合起来，在接收到数据的前64字节之后，判断数据的头部字段是否正确，如果正确则转发出去。这种方式对于短数据来说，交换延迟与直接交换方式比较接近；而对于长数据来说，由于它只对数据前部的主要字段进行差错检测，交换延迟将会减少。

任务实施

任务4.2 交换机Telnet连接

交换机Telnet
远程管理配置

任务描述

公司接了一个中型网络规划设计项目，为某公司综合办公楼规划设计网络，现需要为各类办公室按业务要求进行网络划分，进行交换机的Telnet连接，熟悉交换机的连接方式、不同模式切换，为后续的网络划分做好准备。

任务准备

计算机，交换机，超级终端软件或者SecureCRT软件，直通线若干（或者使用eNSP模拟软件）。

任务指导

使用命令配置交换机，使得设备能远程管理交换机（因eNSP模拟器的PC没有Telnet功能，使用路由器的Telnet功能模拟PC登录）。

首先搭建如图4-2-4所示的网络拓扑图。

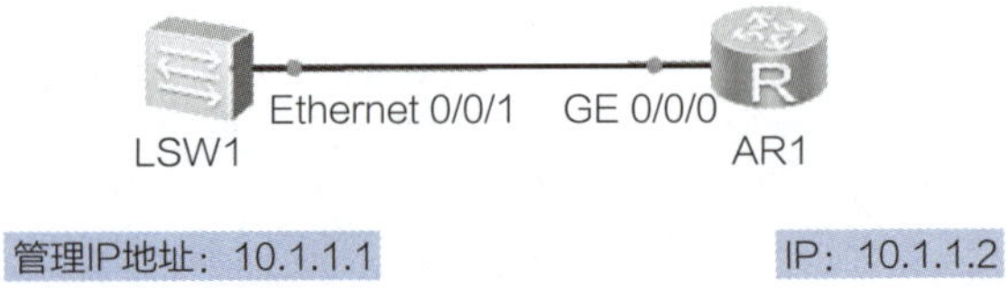

图 4-2-4 网络连接示意图

（1）配置主机名

<Huawei>system-view　　//从用户模式进入系统模式

[Huawei]sysname LSW1　　//配置交换机的主机名为LSW1

[LSW1]　　//此时交换机的名称已改为LSW1

（2）配置远程登录及密码

[LSW1]user-interface vty 0 4　　//设置虚拟终端个数为5个

[LSW1-ui-vty0-4]authentication-mode password　　//设置认证模式为密码认证

[LSW1-ui-vty0-4]set authentication password cipher 123　　//设置安全密码为123，该密码为加密状态

[LSW1-ui-vty0-4]user privilege level 3　　//设置登录后的用户级别，如果不设置，只能运行在参观级，不能进入系统模式

（3）配置管理地址

[LSW1]interface vlanif 1　　//进入VLAN 1配置模式

[LSW1-Vlanif1]ip address 10.1.1.1 255.255.255.0　　//配置ip地址

（4）为路由器配置IP地址，并模拟Telnet登录

<Huawei>system-view　　//进入系统模式

[Huawei]sysname AR1　　//给路由器重命名

[AR1]interface g0/0/0　　//进入端口g0/0/0

[AR1-GigabitEthernet0/0/0]ip address 10.1.1.2 255.255.255.0　//为端口配置IP地址

在路由器的用户模式下，使用命令telnet 10.1.1.1即可登录到交换机，并进行配置管理，登录成功示意图见图4-2-5。

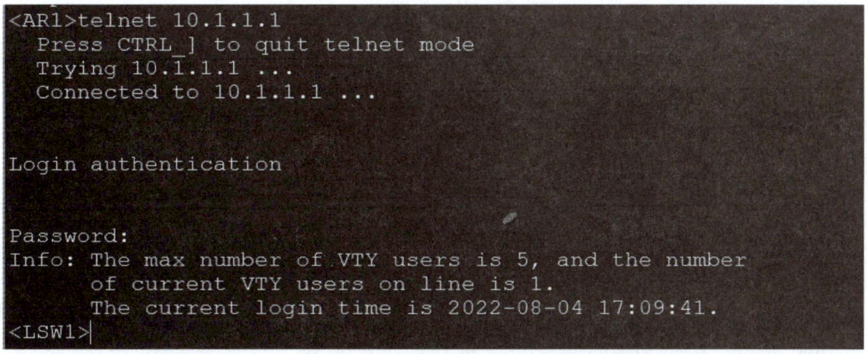

```
<AR1>telnet 10.1.1.1
  Press CTRL_] to quit telnet mode
  Trying 10.1.1.1 ...
  Connected to 10.1.1.1 ...


Login authentication


Password:
Info: The max number of VTY users is 5, and the number
      of current VTY users on line is 1.
      The current login time is 2022-08-04 17:09:41.
<LSW1>
```

图 4-2-5　路由器模拟远程登录交换机示意图

（5）真实设备，使用PC登录的方式

PC机用双绞线连接到交换机的接口上，配置10.1.1.0/24网络的地址，打开命令提示符，输入“telnet 10.1.1.1”，就可成功登录到交换机上，如图4-2-6所示。

```
PC>
PC>telnet 10.1.1.1   远程登录交换机
Trying 10.1.1.1 ...Open

          o
User Access Verification

Password:   输入远程登录口令
S1>en       进入特权模式
Password:   输入特权口令
S1#         成功进入远程交换机的特权模式
S1#
```

图 4-2-6　远程登录交换机示意图

任务总结

要求撰写实训总结时，把完成任务过程中遇到的问题与解决方法、未解决或需要进一步探讨的问题，以及任务实践过程中的收获和经验教训的内容写入实验报告并提交。

任务4.3 虚拟局域网（VLAN）的应用

任务书

任务	任务 4.3 虚拟局域网（VLAN）的应用	所属项目	项目 4 组建局域网
任务描述	某公司综合办公楼进行网络规划设计，需要根据实际应用场景进行 VLAN 划分。		
学习产品	某公司综合办公楼 VLAN 划分表		
学习要求	一、预习任务 1. 什么是 VLAN。 2. 进行 VLAN 划分的原因。 3. VLAN 划分有几种方式，及对应的应用场景。 二、学会划分 VLAN		

知识准备

4.3.1 虚拟局域网（VLAN）简介

Vlan简介

早期交换机虽然能解决冲突域问题，却不能克服广播域问题。例如，一个ARP广播就会被交换机转发到与其相连的所有网段中，当网络上有大量这样的广播存在时，不仅会对带宽造成浪费，还会因过量的广播产生广播风暴。另外，在传统的以太网中，同一个物理网段中的节点也就是一个逻辑工作组，不同物理网段中的节点是不能直接相互通信的。这样，当用户由于某种原因在网络中移动但同时还要继续原来的逻辑工作组时，就必然需要进行新的网络连接乃至重新布线。为了解决上述问题，虚拟局域网（Virtual Local Area Network，VLAN）应运而生。

VLAN是在一个物理网络上划分出来的逻辑网络。这个网络对应于OSI模型的第二层。通过将企业网络划分为虚拟网络VLAN，可以强化网络管理和网络安全，控制不必要的数据广播。VLAN将网络划分为多个广播域，从而有效地控制广播风暴的发生，还可以用于控制网络中不同部门、不同站点之间的互相访问。虚拟局域网VLAN是由一些局域网网段构成的、与物理位置无关的逻辑组（图4-3-1）。这些网段具有某些共同的需求。每一个VLAN帧都有一个明确的标识符，指明发送这个帧的工作站属于哪一个VLAN。VLAN可以隔离广播域（图4-3-2）。

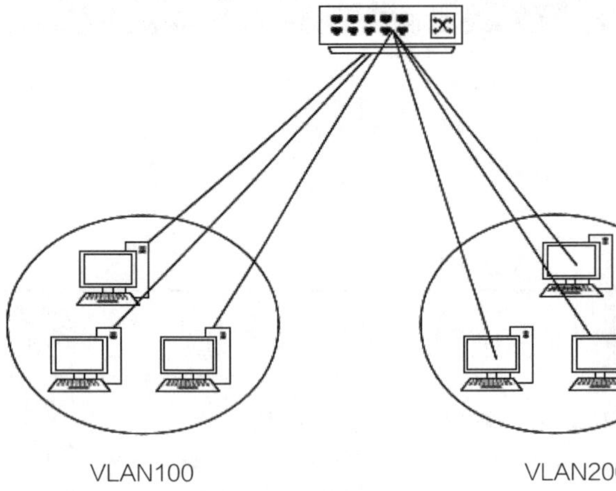

图 4-3-1　虚拟局域网 VLAN

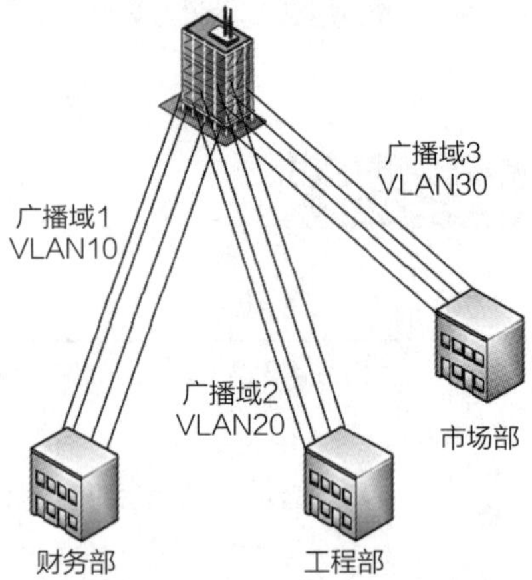

图 4-3-2　VLAN 隔离广播域

VLAN其实只是局域网给用户提供的一种服务，并不是一种新型局域网。它是一组逻辑上的设备或用户，并且没有形成一个标准，需要交换机厂商的相应软件来支持。划分VLAN主要是基于网络性能、安全性、组织结构的考虑。

例如有VLAN1、VLAN2、VLAN3三个虚拟局域网，当B1向VLAN2工作组内成员发送数据时，工作站B2和B3将会收到广播的信息，但工作站A1、A2和C1不会收到B1发出的广播信息，即虚拟局域网限制了接收广播信息的工作站数，使得网络不会因传播过多的广播信息（即广播风暴）而引起性能恶化，如图4-3-3所示。

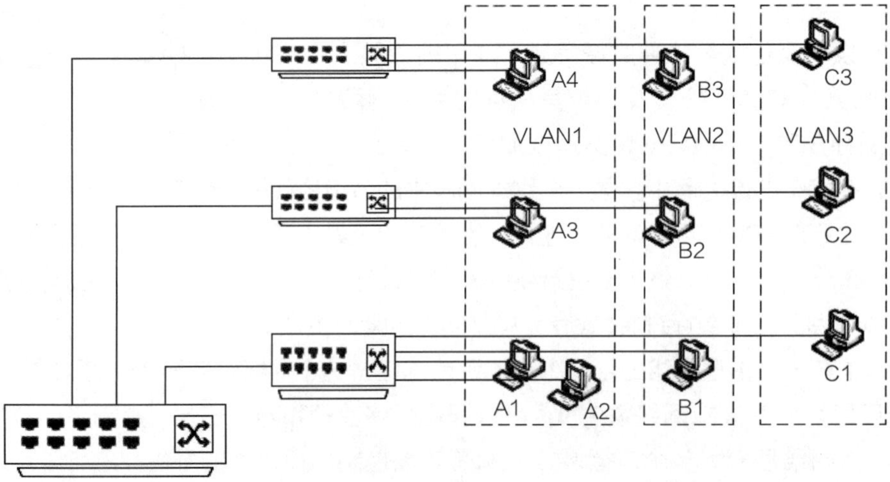

图 4-3-3　虚拟局域网限制了接收广播信息的工作站数

4.3.2　VLAN的技术原理

1996年3月，IEEE802.1Q标准发布：虚拟局域网是由与物理位置无关的具有共同需求的逻辑网段构成。借助于交换机新功能而提供的新服务，而非另类的新型局域网。

IEEE802.1Q标准定义了虚拟局域网的以太网帧格式，在传统的以太网的帧格式中插入一个4字节的标识符，称为VLAN标记，用来指明发送该帧的工作站属于哪一个虚拟局域网，如图4-3-4所示。

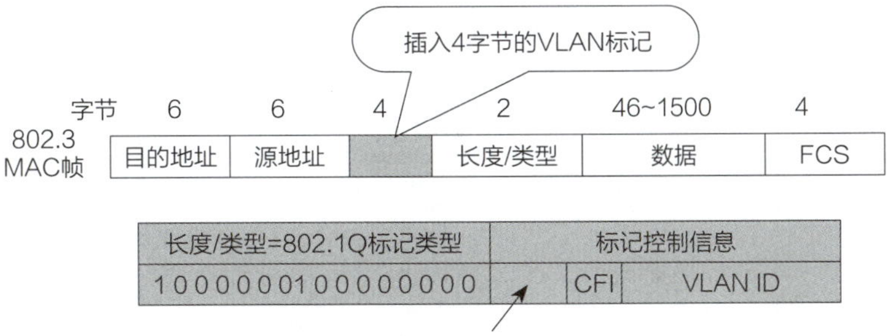

图 4-3-4　IEEE802.1Q 帧格式

虚拟局域网标记字段的长度是4个字节，插入在以太网MAC帧的源地址字段和长度/类型字段之间。虚拟局域网标记的前两个字节和原来的长度/类型字段的作用一样，但它总是设置为0x8100，称为802.1Q标记类型。当数据链路层检测到在MAC帧的源地址字段的后面的长度/类型字段的值是0x8100时，就知道现在插入了4个字节的VLAN标记，于是就检查该标记的后两个字节的内容。在后面的两个字节中，前3个比特是用户优先级字段，接着的一个比特是规范格式指示符（Canonical Format Indicator，CFI），最后的12比特是该虚拟局域网的标识符VID，它是唯一标志这个以太网帧是属于哪一个VLAN的。在801.1Q标记（4个字节）后面的2个字节是以太网帧的长度/类型段。

因为用于虚拟局域网的以太网帧的首部增加了4个字节，所以以太网帧的最大长度从原来的1518字节变为1522字节。

4.3.3　VLAN划分方式

（1）基于端口的VLAN（静态虚拟局域网）

以交换机上的端口为划分VLAN的操作对象，将交换机中的若干个端口定义为一个VLAN，如图4-3-5、图4-3-6所示，同一个VLAN中的站点在同一个子网里；不同的VLAN之间进行通信需要通过路由器，如图4-3-7所示。

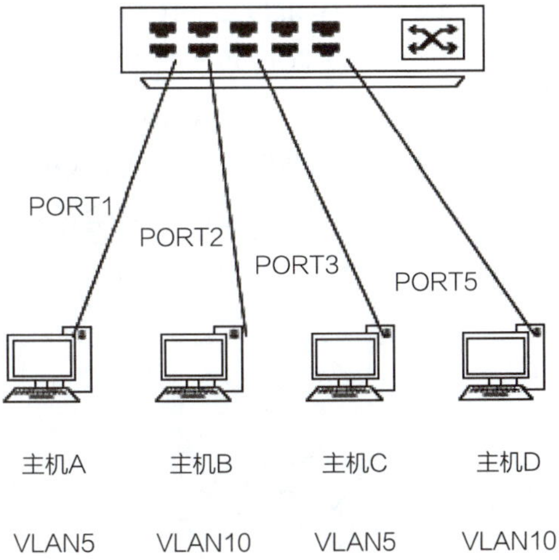

图 4-3-5　基于端口的 VLAN

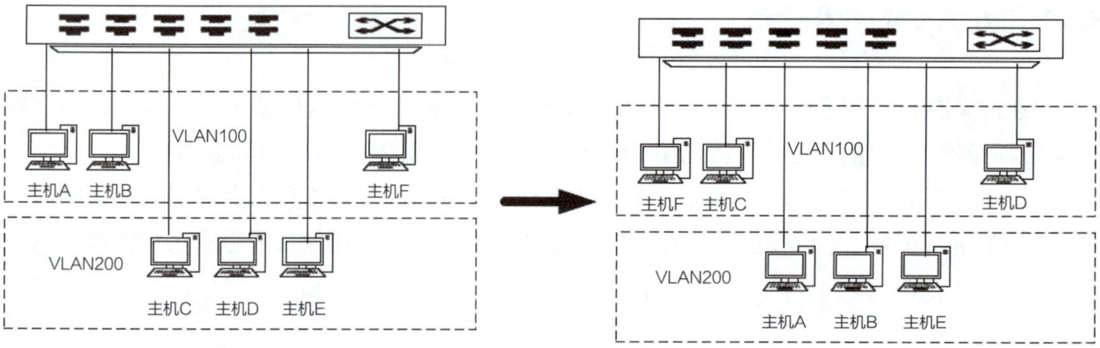

图 4-3-6 基于端口的 VLAN

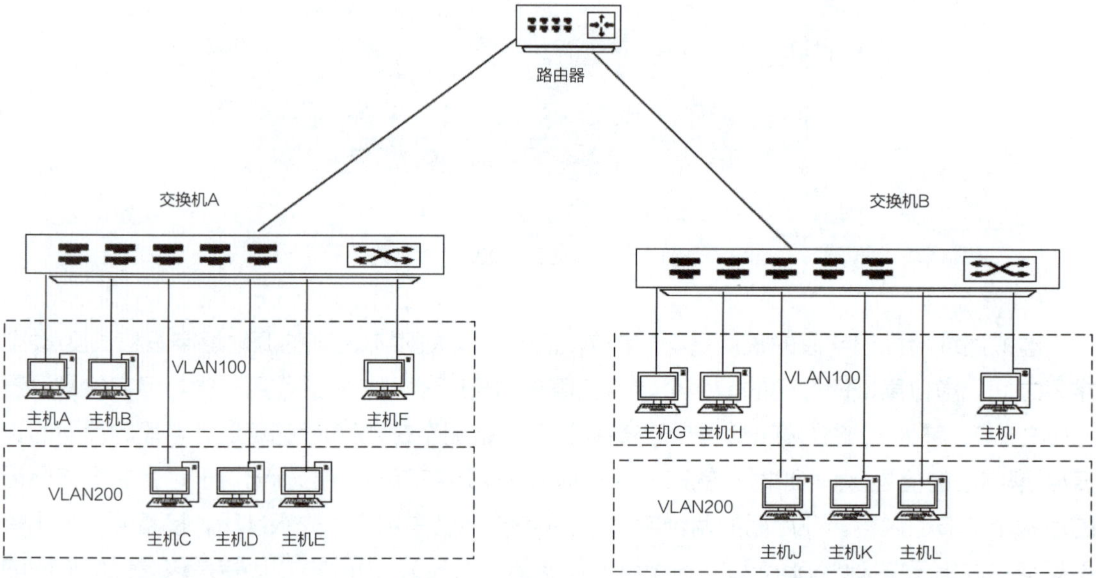

图 4-3-7 跨 VLAN 通信

(2)基于MAC的VLAN(动态虚拟局域网)

以以太网设备的MAC地址为划分VLAN的操作对象，如图4-3-8、图4-3-9所示，将某一组MAC的成员划分为一个VLAN，而无论该成员在网络中如何移动，都不会改变所处的VLAN。

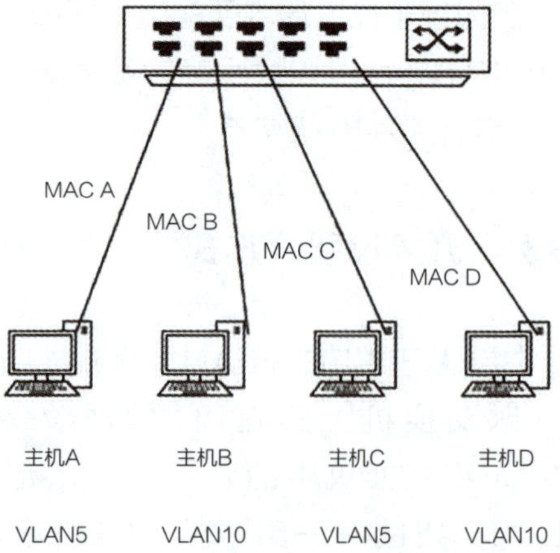

图 4-3-8 基于 MAC 的 VLAN

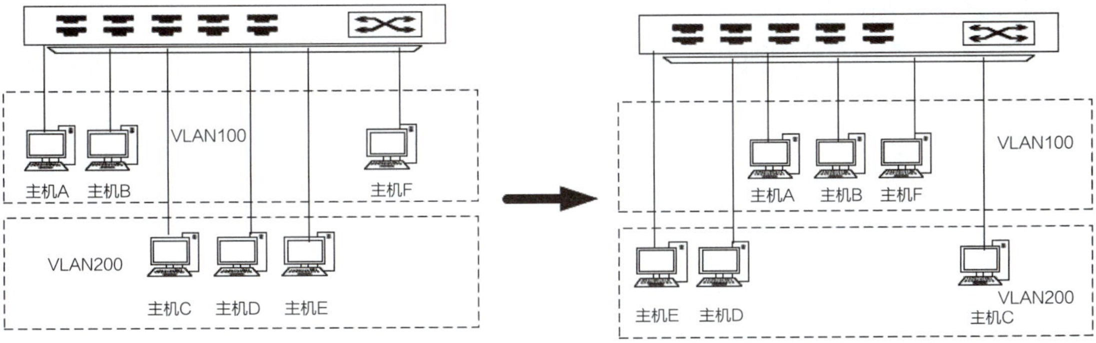

图 4-3-9　基于 MAC 的 VLAN

任务实施

任务4.3　配置交换机的VLAN

任务描述

公司接了一个中型网络规划设计项目，为某公司综合办公楼规划设计网络，现需要为各类办公室按业务要求进行网络划分，掌握基于端口划分的VLAN配置要点和命令，进行VLAN的划分与配置。

交换机VLAN配置

任务准备

计算机、eNSP模拟软件。

任务指导

1　交换机VLAN的基本配置

（1）规划网络拓扑

打开华为模拟器eNSP，搭配出如图4-3-10所示的网络拓扑。

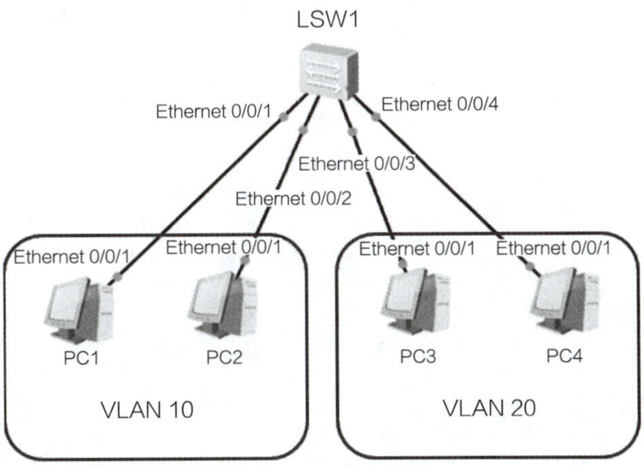

图 4-3-10　VLAN 网络拓扑图

（2）划分VLAN

在交换机的系统模式中输入如下命令划分VLAN10、VLAN20（输入命令前注意前边状态提示符）。

```
[Huawei]vlan 10                                  //划分VLAN10
[Huawei]vlan 20                                  //划分VLAN20
```

（3）把端口放到VLAN中

在交换机的全局模式中，把连接PC1和PC2的端口e0/0/1、e0/0/2放到VLAN10中，把连接PC3和PC4的端口e0/0/3、e0/0/4放到VLAN20中。

```
[Huawei]interface e0/0/1                         //进入端口e0/0/1配置模式中
[Huawei-Ethernet0/0/1]port link-type access      //设置端口为access模式
[Huawei-Ethernet0/0/1]port default vlan 10       //把该端口放到VLAN10中
[Huawei-Ethernet0/0/1]quit                       //退出当前模式
[Huawei]interface e0/0/2                         //进入端口e0/0/2配置模式中
[Huawei-Ethernet0/0/2]port link-type access      //设置端口为access模式
[Huawei-Ethernet0/0/2]port default vlan 10       //把该端口放到VLAN10中
[Huawei-Ethernet0/0/2]quit                       //退出当前模式
[Huawei]port-group group-member e0/0/3 e0/0/4    //进入连续的端口e0/0/3，e0/0/4的配置模式中
[Huawei-port-group]port link-type access         //设置端口为access模式
[Huawei-port-group]port default vlan 20          //把这些端口放到VLAN20中
[Huawei-port-group]quit                          //退出当前模式
```

（4）检查配置

在交换机特权模式中输入“dis vlan”，就可看出vlan的配置情况。最下面2行，可以看出e0/0/1、e0/0/2已经加入VLAN10，e0/0/3、e0/0/4已经加入VLAN20，如图4-3-11所示。

```
[Huawei]dis vlan
The total number of vlans is : 3
--------------------------------------------------------------------------------
U: Up;          D: Down;         TG: Tagged;          UT: Untagged;
MP: Vlan-mapping;                ST: Vlan-stacking;
#: ProtocolTransparent-vlan;     *: Management-vlan;
--------------------------------------------------------------------------------

VID  Type     Ports
--------------------------------------------------------------------------------
1    common   UT:Eth0/0/5(D)     Eth0/0/6(D)      Eth0/0/7(D)      Eth0/0/8(D)
                 Eth0/0/9(D)     Eth0/0/10(D)     Eth0/0/11(D)     Eth0/0/12(D)
                 Eth0/0/13(D)    Eth0/0/14(D)     Eth0/0/15(D)     Eth0/0/16(D)
                 Eth0/0/17(D)    Eth0/0/18(D)     Eth0/0/19(D)     Eth0/0/20(D)
                 Eth0/0/21(D)    Eth0/0/22(D)     GE0/0/1(D)       GE0/0/2(D)

10   common   UT:Eth0/0/1(U)     Eth0/0/2(U)

20   common   UT:Eth0/0/3(U)     Eth0/0/4(U)
```

图 4-3-11　VLAN 的配置检查

2 交换机Trunk VLAN配置

（1）绘制网络拓扑

打开华为模拟器eNSP，画出如图4-3-12所示的网络拓扑图，并给相应的PC配上相应的IP地址。

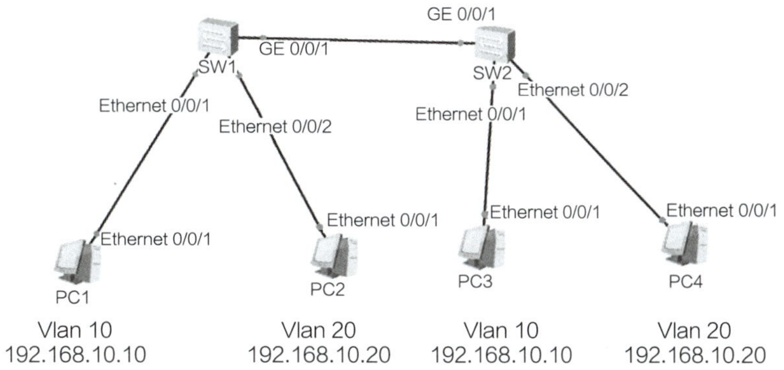

图 4-3-12　网络拓扑图

（2）划分VLAN

在交换机SW1和SW2的系统模式中输入如下命令划分VLAN10、VLAN20。

交换机SW1的配置：

```
[Huawei]sys SW1              //给设备重命名
[SW1]vlan 10                 //划分VLAN 10
[SW1-vlan10]quit             //退出当前模式
[SW1]vlan 20                 //划分VLAN 20
[SW1-vlan20]quit             //退出当前模式
```

交换机SW2的配置：

```
[Huawei]sys SW2              //给设备重命名
[SW2]vlan 10                 //划分VLAN 10
[SW2-vlan10]quit             //退出当前模式
[SW2]vlan 20                 //划分VLAN 20
[SW2-vlan20]quit             //退出当前模式
```

（3）把端口放到VLAN中

在交换机的系统模式中，把连接PC的端口e0/0/1放到VLAN10中，把连接PC2的端口e0/0/2放到VLAN20中。

交换机SW1的配置：

```
[SW1]interface e0/0/1                          //进入端口e0/0/1配置模式中
[SW1-Ethernet0/0/1]port link-type access       //设置端口为access模式
[SW1-Ethernet0/0/1]port default vlan 10        //把该端口放到VLAN10中
[SW1-Ethernet0/0/1]quit                        //退出当前模式
```

[SW1]interface e0/0/2 //进入端口e0/0/2配置模式中
[SW1-Ethernet0/0/2]port link-type access //设置端口为access模式
[SW1-Ethernet0/0/2]port default vlan 20 //把该端口放到VLAN20中
[SW1-Ethernet0/0/2]quit //退出当前模式

交换机SW2的配置：

[SW2]interface e0/0/1 //进入端口e0/0/1配置模式中
[SW2-Ethernet0/0/1]port link-type access //设置端口为access模式
[SW2-Ethernet0/0/1]port default vlan 10 //把该端口放到VLAN10中
[SW2-Ethernet0/0/1]quit //退出当前模式
[SW2]interface e0/0/2 //进入端口e0/0/2配置模式中
[SW2-Ethernet0/0/2]port link-type access //设置端口为access模式
[SW2-Ethernet0/0/2]port default vlan 20 //把该端口放到VLAN20中
[SW2-Ethernet0/0/2]quit //退出当前模式

（4）交换机Trunk配置

在交换机的全局模式中，把交换机SW1和SW2相连的端口G0/0/1设置为Trunk。

交换机SW1的配置：

[SW1]interface g0/0/1 //进入端口g0/0/1配置模式中
[SW1-GigabitEthernet0/0/1]port link-type trunk //把该端口设置为Trunk口
[SW1-GigabitEthernet0/0/1]port trunk allow-pass vlan all
//设置允许通过所有VALN

交换机SW2的配置：

[SW1]interface g0/0/1 //进入端口g0/0/1配置模式中
[SW1-GigabitEthernet0/0/1]port link-type trunk //把该端口设置为Trunk口
[SW1-GigabitEthernet0/0/1]port trunk allow-pass vlan all
//设置允许通过所有VALN

（5）检查

①通过dis vlan命令检查VLAN划分是否成功，如图4-3-13所示。

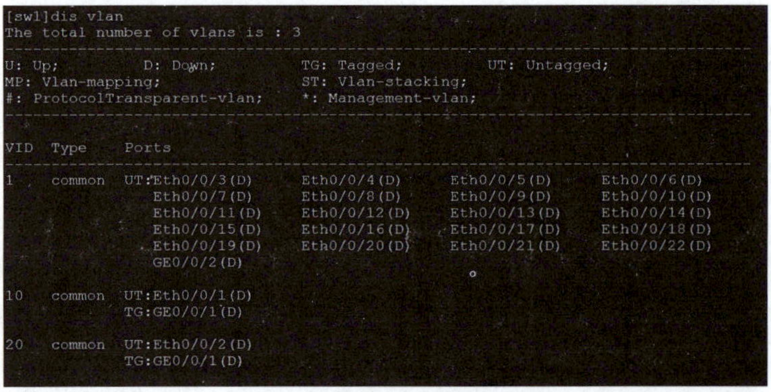
```
[swl]dis vlan
The total number of vlans is : 3
--------------------------------------------------------------------------------
U: Up;         D: Down;         TG: Tagged;         UT: Untagged;
MP: Vlan-mapping;               ST: Vlan-stacking;
#: ProtocolTransparent-vlan;    *: Management-vlan;
--------------------------------------------------------------------------------

VID  Type     Ports
--------------------------------------------------------------------------------
1    common   UT:Eth0/0/3(D)      Eth0/0/4(D)      Eth0/0/5(D)      Eth0/0/6(D)
                 Eth0/0/7(D)      Eth0/0/8(D)      Eth0/0/9(D)      Eth0/0/10(D)
                 Eth0/0/11(D)     Eth0/0/12(D)     Eth0/0/13(D)     Eth0/0/14(D)
                 Eth0/0/15(D)     Eth0/0/16(D)     Eth0/0/17(D)     Eth0/0/18(D)
                 Eth0/0/19(D)     Eth0/0/20(D)     Eth0/0/21(D)     Eth0/0/22(D)
                 GE0/0/2(D)

10   common   UT:Eth0/0/1(D)
              TG:GE0/0/1(D)

20   common   UT:Eth0/0/2(D)
              TG:GE0/0/1(D)
```

图 4-3-13　VLAN 划分图

②PC1和PC3相互ping测试，PC2和PC4相互ping测试，如图4-3-14、图4-3-15所示。

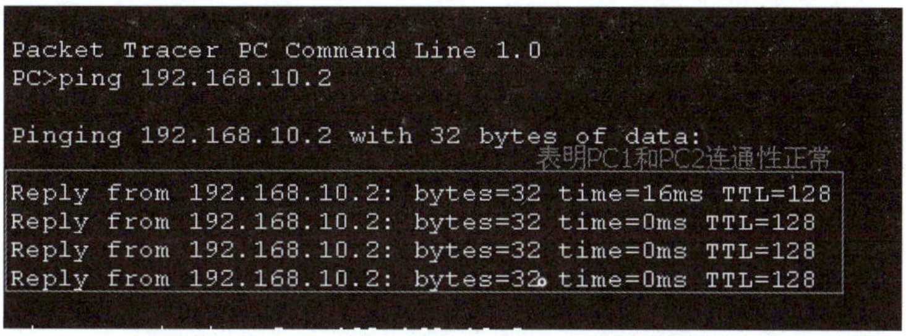

```
Packet Tracer PC Command Line 1.0
PC>ping 192.168.10.2

Pinging 192.168.10.2 with 32 bytes of data:

Reply from 192.168.10.2: bytes=32 time=16ms TTL=128
Reply from 192.168.10.2: bytes=32 time=0ms TTL=128
Reply from 192.168.10.2: bytes=32 time=0ms TTL=128
Reply from 192.168.10.2: bytes=32 time=0ms TTL=128
```


图4-3-14　PC1和PC3连通性测试

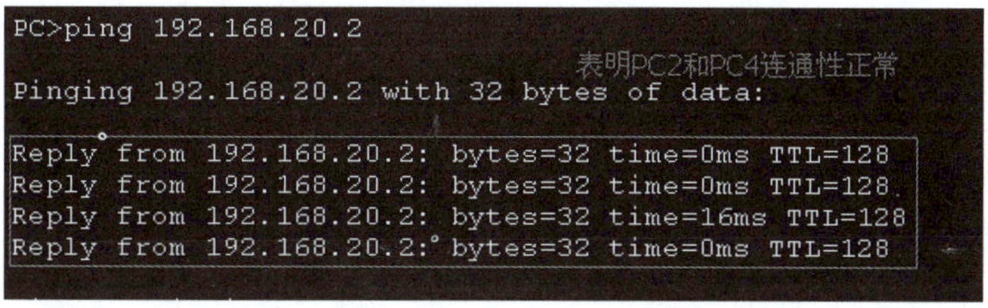

```
PC>ping 192.168.20.2

Pinging 192.168.20.2 with 32 bytes of data:

Reply from 192.168.20.2: bytes=32 time=0ms TTL=128
Reply from 192.168.20.2: bytes=32 time=0ms TTL=128
Reply from 192.168.20.2: bytes=32 time=16ms TTL=128
Reply from 192.168.20.2: bytes=32 time=0ms TTL=128
```


图4-3-15　PC2和PC4连通性测试

任务总结

要求撰写实训总结时，把完成任务过程中遇到的问题与解决方法、未解决或需要进一步探讨的问题，以及任务实践过程中的收获和经验教训的内容写入实验报告并提交。

拓展阅读

华为在5G移动通信网络中的卓越表现

华为在5G移动通信网络中的卓越表现，使其在全球通信市场上具有显著的竞争优势，并为通信行业的发展做出了重要贡献。

华为是全球主要的5G设备供应商之一，占据了全球5G设备市场的重要份额。根据市场研究机构Dell'Oro的数据，截至2021年第二季度，华为在全球5G设备市场上的份额排名第二，仅次于爱立信。

华为在5G技术领域拥有大量的专利申请，这些专利涵盖了从底层技术到应用层的各个方面。据统计，截至2021年，华为在5G技术领域的专利申请量排名全球第一，这些专利为华为在5G网络中的技术创新提供了重要支持。如2016年11月，在美国举行的关于5G标准制定的3GPP RAN1第87次会议上，中国华为公司主推的Polar Code（极化码）方案，以压倒性的投票优势，成为5G控制信道eMBB场景编码最终方案，各大国际通信设备生产商在5G通信设备中都会采用

“华为的标准”，从那一刻起，中国成了真正意义上通信基础规则的“制定者”。

华为在全球范围内与多个运营商签署了5G商用合同，为运营商提供5G网络解决方案和设备。据华为官网的数据，截至2021年，华为在全球范围内已经签署了超过100个5G商用合同，覆盖了欧洲、亚洲、非洲等多个地区。

华为企业在5G移动通信网络中的卓越表现，让我们见识到了祖国科技的逐渐强大，相信随着国内科技发展的日益强大，将会有更多个如“华为”的企业走出国门，成为中国的骄傲，让世界为之羡慕。

项目习题

一、简答题

1. 简述交换机的功能。
2. 交换机有哪些种类？性能怎么样？
3. 如何根据需求来选择交换机？
4. 交换机的主要功能有哪些？
5. 交换机主要由哪些部件组成？
6. 简述局域网的主要特点。
7. 简述以太网局域网的分类。
8. 简述影响局域网性能的三大因素。
9. 简述交换式局域网的工作原理。
10. 简述交换式局域网的交换方式。
11. 什么是 VLAN？
12. 为什么要进行 VLAN 划分？
13. VLAN 划分有几种方式？分别针对什么样的应用场景？

二、实践练习

练习：某公司暂时设置了办公室和销售处 2 个部门，要求 2 个部门不能够直接通信，使用 VLAN 隔离，请按要求划分 VLAN 并配置交换机。

按公司要求，设计网络拓扑图，如图 4-3-16 所示。

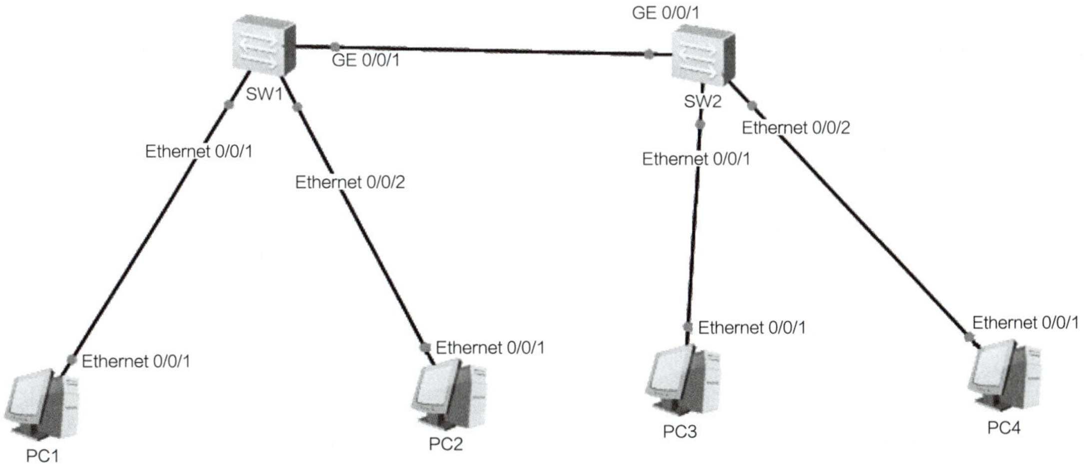

图 4-3-16　设计网络拓扑图

其中PC1、PC3为办公室用电脑，PC2和PC4为销售处用电脑，IP地址如表4-3-1所示。

表4-3-1 IP地址

电脑	IP	子网掩码	网关
PC1	192.168.10.1	255.255.255.0	192.168.10.254
PC2	192.168.10.2	255.255.255.0	192.168.10.254
PC3	192.168.10.3	255.255.255.0	192.168.10.254
PC4	192.168.10.4	255.255.255.0	192.168.10.254

根据项目需求，办公室划分VLAN10，销售处划分VLAN20，然后把PC1、PC3加入到VLAN10，PC2、PC4加入到VLAN20，两台交换机之间建立一个Trunk通道。

三、课后任务

某公司拟成立3个部门，有2台交换机，每部门有2台电脑，要求3个部门之间用VLAN进行隔离，3个部门的电脑可以接入这2台交换机中，试根据需求绘制网络拓扑图、规划IP地址并形成文档，最后通过eNSP完成实验配置并做验证，是否能够达到设计要求。

项目 5

网络设备应用与配置

05

学习目标

了解网卡、集线器、路由器等网络设备。
理解MAC地址与IP地址，路由原理。
掌握路由选择、路由表以及路由的配置方法。
了解无线网络、无线网络传输协议标准、无线网络信道划分与应用。
了解网络安全。

思政目标

感受“中国制造”的强大，增强民族自豪感和自信心。
提高专业沟通能力，培养团队意识，学会与他人进行交流与合作。
保护好个人信息，培养学生的信息安全意识。
自觉遵守相关法律法规及道德与伦理准则，提高自身社会责任感。

项目情景

公司接了一个中型网络施工项目，为某公司综合办公楼配置网络。某公司综合办公楼前期硬件施工项目已经完成，现在要对各种网络设备进行配置，以便保证网络畅通，适合公司各种应用场景。

项目分析

网络施工完成以后，接着要对各种网络设备进行配置，考虑到公司实际应用场景，交换机划分VLAN，实现部门间的业务上的隔离后，路由器要配置路由，使各部门能连上网络。

解决思路

接到某公司综合办公楼网络综合项目后，经过前期工作，硬件施工项目已基本完成，接下来要对各种网络设备进行配置。首先要了解某公司综合办公楼的项目需求，比如有多少层楼，有多少房间，有多少部门，部门之间通信有什么具体要求或限制，各部门上网有什么要求和限制等。在此基础上，还要掌握VLAN知识、路由原理、无线工作原理及加密方式等。

在本项目中，需完成以下任务：

- 任务5.1 静态路由配置
- 任务5.2 动态路由配置
- 任务5.3 无线局域网组建

任务5.1 静态路由配置

任务书

任务	任务 5.1 静态路由配置	所属项目	项目 5 网络设备应用与配置
任务描述	某公司综合办公楼进行网络综合设计施工，需要对网络设备进行配置。本任务要求了解各种网络设备，并配置路由，让客户端能够连接到网络。		
学习产品	客户端配置文档		
学习要求	一、预习任务 1. 常用的网络设备，各自的用途和场景。 2. MAC 地址。 3. 网关的相关概念。 4. 路由器的相关概念。 二、能够配置静态路由		

知识准备

5.1.1 网卡

网络接口卡（Network Interface Card，NIC）又称网络适配器（Network Interface Adapter，NIA），简称网卡，用于实现联网计算机和网络电缆之间的物理连接，为计算机之间的相互通信提供一条物理通道，并通过这条通道进行高速数据传输。在局域网中，每一台联网计算机都需要安装一块或多块网卡，通过介质连接器将计算机接入网络系统。网卡主要负责物理层和数据链路层的工作。

（1）网卡的功能

网卡是LAN的接入设备，起着向网络发送数据、控制数据流量、接受并转换数据的作用。它具有以下主要功能。

①实现局域网中传输介质的物理连接和电气连接。网卡都带有相应连接介质的连接插口，网络中的计算机就是通过网卡插口的连接介质连入网络的。

②代表着一个固定的地址。以太网卡拥有一个全球唯一的网卡地址，它是一个长度为48位的二进制数，它为计算机提供了一个有效的地址。

③执行网络控制命令。网卡对传送的电信号进行电平匹配，传输的电信号由网卡接收后要转换成计算机所要求的逻辑电平；而网卡发送时，则要转换成传输规定的在介质中传送的信号电平；用光缆连接的网卡，还要进行光电转换与电光转换，以接收光纤传输的信号及发送光信号。

计算机联网后执行的各种网络控制命令，都是通过网卡接收和执行的，网卡接收控制命令后，便执行相应的网络操作。

④实现OSI参考模型中的数据链路层的功能。网卡实现OSI开放系统七层模型中的数据链路层的功能，主要对传输介质内信息传送向的控制，即信息是进行发送还是接收。若信息处于发送状态，则将信息转换成数据包发送；若信息处于接收状态，则取下传送的数据包。信息传送时，由计算机传输给网卡的数据是并行的（通过相应计算机内插槽的数据总线进入网卡），而由网卡再将并行数据变成串行数据后，送入传输介质，并以二进制流形式进行发送。当网卡从传输介质得到串行数据时，相应地将其串行二进制流变成并行数据送入计算机。在网卡进行发送和接收过程中，还要进行传输错误检测。

⑤对传送和接收的数据进行缓存。网卡上带有缓存，可在高速主机并行发送、接收，和在传输介质中低速串行传送间起缓冲作用。当接收慢速的出行数据到网卡缓冲区并装满时，由计算机并行取走；发送时，由计算机将数据并行送入缓冲区，当装满后，再串行发送出去。

⑥按照OSI协议物理层传输的接口标准，实现规定的接口功能。网卡随网络结构的不同而不同，如以太网卡、令牌环网卡、ATM网卡、FDDI网卡等。组建不同类型的网络，要用不同类型的网卡；在单一结构的网络中，不同类型的网卡不能混用。

（2）网卡的MAC地址

每一块网卡都带有一个与其他网卡不一样的编号，作为识别LAN节点的标识，这个编号在网络中称为MAC（Media Access Control，介质访问控制）地址（物理地址）。网卡的MAC地址通常是由网卡生产厂家刻在网卡的EPROM（一种闪存芯片，通常可以通过程序擦写）上，它存储的是传输数据的计算机和接收数据的主机的地址，也就是说，在网络底层的物理传输过程中，是通过MAC地址来识别主机的。MAC地址也是全球唯一的。MAC地址由48位二进制数组成，一般用12位16进制数来表示，为看起来方便，一般用“-”分割。如12-34-55-66-77-88，其中，前24位一般标识生产厂家，后24位标识网卡编号。

（3）网卡的工作原理

在网卡上有一定容量的缓存，当网上传来的数据到达本工作站时，首先被暂时存放在网卡的缓存中。而CPU并不知道网卡何时从网络上收到待处理的数据，因此网卡与CPU之间必须有一种有效的联系方法，使得CPU能够知道网卡上当前有无数据需要处理。一种方法是CPU周期性地不断查询网卡，其缺点是：如果周期太长，大量数据被放在网卡缓存中得不到处理，有可能造成部分数据丢失，同时对网卡缓存容量要求较高；如果周期短，又会大大浪费CPU的处理能力，降低CPU的实际工作效率。一些老式网卡采用这样的工作方式，目前已经较少使用了。另一种沟通CPU与网卡的方法，也是目前较流行的方法，则是由网卡来通知CPU在某个时候来处理新来的数据，网卡的这种工作方式被称为中断请求。CPU接收到网卡的申请后，会通知主板上的直接存储器访问芯片（DMA），将数据送入内存中，而CPU一旦空闲便会处理网卡上的数据。

（4）网卡的类型

- 按网卡的总线接口类型分类

按网卡的总线接口类型来分，一般可将网卡分为ISA网卡、PCI网卡、PCI-X网卡、PCMCIA网卡和USB接口网卡。

①ISA网卡由于CPU占用率比较高，往往会造成系统的停滞，再加上ISA网卡的数据传输速度极低，使得这种接口的网卡在市面上已经很少见了。

②PCI网卡是现在应用最广泛、最流行的网卡，它具有性价比高、安装简单等特点。

③PCI-X网卡主要用在服务器上。

④PCMCIA网卡专用于笔记本电脑。

⑤USB接口网卡是最近才出现的产品，这种网卡是外置式的，具有不占用计算机扩展槽的优点，因而安装更为方便，主要是为了满足没有内置网卡的笔记本电脑用户的需要。

- 按网卡的网络接口类型分类

按网卡的网络接口类型来分，可将网卡分为RJ-45接口网卡、BNC接口网卡、AUI接口网卡、FDDI接口网卡、ATM接口网卡和无线网卡。

①RJ-45接口网卡是最常见的一种网卡，也是应用最广的一种接口类型网卡，这主要得益于双绞线以太网应用的普及。

②BNC接口网卡应用于以细同轴电缆为传输介质的以太网或令牌网中，目前这种接口类型的网卡较少见，主要因为用细同轴电缆作为传输介质的网络比较少。

③AUI接口网卡应用于以粗同轴电缆为传输介质的以太网或令牌网中，由于粗同轴电缆这种传输介质已逐渐被淘汰，所以这种接口类型的网卡目前很少见。

④FDDI接口网卡应用于光纤分布数据接口（Fiber Distributed Data Interface，FDDI）网络中，这种网络可以达到100Mbps的带宽，但它所使用的传输介质是光纤，所以这种接口网卡的接口也是光纤接口的。

⑤ATM接口网卡应用于异步传输模式（Asynchronous Transfer Mode，ATM）光纤（或双绞线）网络中，它能提供的物理传输速度可以达到155Mbps。

⑥无线网卡是终端无线网络的设备，是无线局域网的无线覆盖下通过无线连接网络进行上网使用的无线终端设备。具体来说，无线网卡就是使你的电脑可以利用无线来上网的一个装置，但是有了无线网卡也还需要一个可以连接的无线网络，如果在家里或者所在地有无线路由器或者无线AP的覆盖，就可以通过无线网卡以无线的方式连接无线网络上网。

- 按网卡的传输速率分类

按网卡的传输速率划分，目前主流的网卡主要有10Mbps网卡、100Mbps以太网卡、10Mbps/100Mbps自适应网卡、1000Mbps（千兆）以太网卡及10Mbps/100Mbps/1000Mbps自适应以太网卡等。

其中，10Mbps/100Mbps自适应网卡是现在比较流行的一种网卡，它的最大传输速率为100Mbps，该类网卡可根据网络连接对象的速度，自动确定是工作在10Mbps速率还是100Mbps速率下。千兆网卡的最大传输速率为1000Mbps，原来主要应用于服务器等产品领域，现在随着技术的成熟和成本的降低，已经应用到普通电脑和笔记本电脑等设备上。

5.1.2 集线器

集线器（Hub）主要应用于局域网中，作用于OSI参考模型的第一层，因此又被称为物理层设备。集线器内部采用了电器互联结构，可连接多个用户节点，且每个节点都通过一条专用电缆和集线器连接，所以从某种意义上讲，可以将集线器看作是多端口的中继器。

集线器基本上是一个共享设备，集线器上所有的端口共享同一个带宽，在任何时候集线器所有端口出现的电信号都是相同的，就好像接在一段电线上的多个电话机，某一时刻说话的只能有一个人。

连接到集线器的节点发送信号时，首先通过与集线器相连接的电缆将信号传送到集线器。集线器将这个信号进行放大，使信号恢复到发送时的状态，然后将其发送给所有节点；最后，信号到达各节点，目标节点检测到发给它的信号并将其接收。

由于集线器采用的传输控制方式为CSMA/CD方式，数据传输效率低下，已不能适应高速发展的网络需求，故集线器已经基本被交换机替代。

5.1.3 调制解调器

在早期的计算机远程通信中，一般都利用庞大而成熟的公用电话网。电话入户信号基本上都是模拟信号，而计算机所处理和传输的信息都是数字信号，因此计算机联网通信时必须有能将数字信号转换为模拟信号及模拟信号转换成数字信号的转换装置，前者称为调制器，后者称为解调器，把两种功能集成在同一台设备上，就称为调制解调器，即Modem（Modulator和Demodulator两个单词的缩写）。

通过普通电话线传输数据的Modem作为连接计算机和网络的主要设备，具有使用方便、功能齐全的特点，对Internet的普及和发展起到了极其重要的作用。

在发展过程中，有内置式Modem、外置式Modem等。调制解调器最高传输速率为56kbps，并且电话信号和网络信号不能同时传输，后来，又有了ISDN调制解调器、ADSL调制解调器和Cable Modem等设备，其中，ADSL Modem可以达到下载约8Mbps和上传1Mbps的速率，在互联网的发展过程中，也做出了巨大的贡献。

随着互联网的发展，双绞线和光纤应用的普及，现在已经发展到光纤入户了，这种设备也基本不再使用了。

5.1.4 中继器

当电信号在传输介质上传输时，电信号会随着电缆长度的增加而减弱，这种现象称为衰减，衰减到一定程度时将造成信号失真，因此会导致接收错误。中继器就是为解决这一问题而设计的。它完成物理线路的连接，对衰减的信号进行放大，保持与原数据相同。

中继器（Repeater，RP）是连接网络线路的一种装置，常用于两个网络节点之间物理信号的双向转发工作，负责在两个节点物理层上按位传递信息，完成信号的复制调整和放大功能，以此来延长网络段的长度或将两个网络段连接在一起。

中继器主要用在以同轴电缆为传输介质的网络中，随着同轴电缆被淘汰，这种设备也已不再使用。

5.1.5 收发器

收发器，顾名思义，就是接收信号、发送信号的设备，其作用是完成不同的网络传输介质及传输形式之间的互联。收发器的种类很多，包括光纤—双绞线收发器、同轴电缆收发器、卫星收发器、微波收发器等，下面重点介绍同轴电缆收发器和光纤收发器。

（1）同轴电缆收发器

在1990年前后的网络系统中，网络传输介质通常采用细缆或粗缆，因此，经常用到此类收发器。例如，细缆—粗缆收发器、粗缆连接设备时使用的穿刺式收发器等。同轴电缆收发器目前已经很少见到。

（2）光纤收发器

光纤收发器通过把原来在双绞线上传输的电信号转换成在光纤上传输的信号，以延伸以太网的连接距离。光纤收发器中既包含了光发送机，又包含了光接收机，因此，根据支持的网络传输速率、光纤口规格的不同，产品品种也是复杂多样。目前，双绞线和光纤已是网络传输介质的主流，因此，光纤收发器还有着广泛的应用空间。

常见的光纤收发器有100Mbase-TX到100Mbase-FX的单模光纤收发器和1000Mbase-TX到1000Mbase-FX的单模光纤收发器，简称百兆光纤收发器和千兆光纤收发器。随着单模光纤技术的成熟和成本的降低，现在市场上多模光纤和多模光纤设备已经不多见了。

5.1.6 网桥

在以太网上，信号的传递采用“广播”的方式，只要信号被传输到网络上，那么每一台计算机都可以收到，然而某些信号只需要在网络的某个区域内传递，假如传到不必要的区域，将影响整体性能。为了合理限制网络信号的传送，便用网桥适当地切割网络。

网桥是交换机的前身，网桥通常只有两个端口，而交换机有多个端口。可以说交换机就是一个多端口的网桥，或者说高端口密度的网桥就是局域网交换机，网桥和交换机的区别不在技术而在市场。

当数据传输到网桥后，网桥会判断信号该不该传到另一端，假如不需要，就将其拦截下来，以减少网络的负载，只有当数据需要穿过网络到另一端的计算机上，网桥才会放行，网桥的这个功能也称为隔离冲突域。以网桥的功能来看，可对应到OSI模型中的链路层中。

举例来说，可用一个网桥将整个网络分为两区，如图5-1-1所示。

网桥的上部网络为1区，下部为2区。当计算机A要传递数据给计算机B时，信号广播到网桥就会被拦住，当网桥发现A、B计算机同在1区，表示信号没必要传到2区，便将该信号丢弃，如此便能减少对2区的干扰；如果计算机A要传递数据给计算机C，网桥便让信号通过。若计算机A经常传输的对象为计算机C或D，那么几乎所有信号都得通过网桥，等于是丧失了网桥的过滤作用，由此可知网桥的摆放位置很重要。

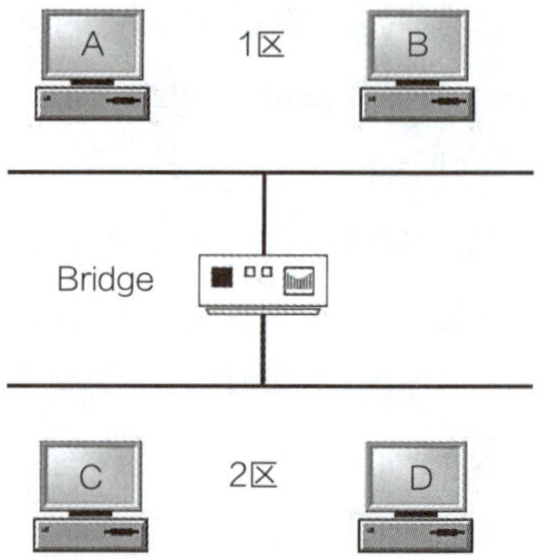

图 5-1-1　用网桥连接的两个网络

5.1.7　网关

大家都知道，从一个房间走到另一个房间，必然要经过一扇门。同样，从一个网络向另一个网络发送信息，也必须经过一道“关口”，这道关口就是网关。顾名思义，网关是一个网络连接到另一个网络的“关口”。按照不同的分类标准，网关也有很多种。TCP/IP的网关是最常用的，在这里我们所讲的“网关”均指TCP/IP下的网关。

那么网关到底是什么呢？网关实质上是一个网络通向其他网络的IP地址。比如有网络A和网络B，网络A的IP地址范围为192.168.1.1～192.168.1.254，子网掩码为255.255.255.0，网络B的IP地址范围为192.168.2.1～192.168.2.254，子网掩码为255.255.255.0。在没有路由器的情况下，两个网络之间是不能进行TCP/IP通信的，即使两个网络连接在同一台交换机上，TCP/IP也会根据子网掩码（255.255.255.0）判定两个网络中的主机处在不同的网络中。而要实现这两个网络之间的通信，则必须通过网关。如果网络A中的主机发现数据包的目的主机不在本地网络中，就把数据包转发给它自己的网关，再由网关转发给网络B的网关，网络B的网关再转发给网络B的某个主机。网络B向网络A转发数据包的过程也是如此。所以说，只有设置好网关的IP地址，TCP/IP才能实现不同网络之间的相互通信。

网关的IP地址是具有路由功能设备的IP地址，具有路由功能的设备有路由器、启用了路由协议的服务器（实质上相当于一台路由器）、代理服务器（也相当于一台路由器）和三层交换机等。

5.1.8　路由器

路由器（Router）是连接两个或多个网络的硬件设备，在网络间起网关的作用，是读取每一个数据包中的地址，然后决定如何传送的专用智能型网络设备。它能够理解不同的协议，例如某个局域网使用的以太网协议，互联网使用的TCP/IP协议。这样，路由器可以分析各种不同类型网络传来的数据包的目的地址，把非TCP/IP网络的地址转换成TCP/IP地址，反之亦然；再根据选定的路由算法把各数据包按最佳路线传送到指定位置，即路由器可以把非TCP/

IP网络连接到互联网上。

在网络通信中，路由器具有判断网络地址以及选择IP路径的作用，可以在多个网络环境中构建灵活的链接系统，通过不同的数据分组以及介质访问方式对各个子网进行链接。路由器在操作中仅接受源站或者其他相关路由器传递的信息，是一种基于网络层的互联设备。

路由器通常位于网络层，因而路由技术也是与网络层相关的一门技术，路由器与早期的网桥相比有很大的变化。通常而言，网桥的局限性比较大，它只能够连通数据链路层相同或者类似的网络，不能够连接数据链路层之间有着较大差异的网络。路由器却不同，它打破了这个局限，能够连接任意两种不同的网络，但是这两种不同的网络之间要遵守一个原则，就是使用相同的网络层协议，这样才能够被路由器连接。路由技术简单来说就是对网络上众多的信息进行转发与交换的一门技术，具体来说，就是通过互联网络将信息从源地址传送到目的地址。路由技术这几年来也取得了不错的发展和进步，特别是第五代路由器的出现，满足了人们对数据、语音和图像的综合应用，逐渐被大多数家庭网络所选择且被广泛使用。

路由器是互联网的主要节点设备。路由器通过路由决定数据的转发。转发策略称为路由选择（Routing），这也是路由器名称的由来。作为不同网络之间互相连接的枢纽，路由器系统构成了基于TCP/IP的国际互联网络Internet的主体脉络，也可以说，路由器构成了Internet的骨架。它的处理速度是网络通信的主要瓶颈之一，它的可靠性则直接影响着网络互联的质量。因此，在园区网、地区网乃至整个Internet研究领域中，路由器技术始终处于核心地位，其发展历程和方向成为整个Internet研究的一个缩影。

任务实施

任务5.1　静态路由配置

任务描述

公司接了一个中型网络规划设计项目，为某公司综合办公楼规划建设网络，现已为各类办公室按业务要求进行了网络划分，需要配置路由器，以保证各部门连接到网络。

任务准备

计算机、eNSP模拟软件。

任务指导

1　路由器基础设置

路由器基本模式和交换机差不多，参照上一任务交换机的各种模式。

（1）IP地址配置

路由器需要为各端口配置IP地址，基本配置如下：

```
Interface g0/0/0                          //进入接口
ip address 192.168.1.1  255.255.255.0    //配置IP显示端口信息
display interface g0/0/0
```

（2）远程登录配置

方法1：（只用密码，没有用户名）

```
user-interface vty 0 4                         //创建5个用户可登录
authentication-mode password                   //设置认证模式
set authentication password cipher 123         //设置密码为123
user privilege level 3                         //设置登录用户级别
```

方法2：（通过用户名和密码的登录方式）

```
aaa                                            //开启aaa认证模式
local-user abc password simple 123             //创建一个用户名为abc，密码为123的用户
local-user admin service-type telnet           //设置用户只能通过Telnet登录
local-user admin privilege level 3             //设置登录用户级别
user-interface vty 0 4                         //创建5个用户可登录
authentication-mode aaa                        //设置认证模式为aaa认证
```

2 静态路由配置

某公司设置2个分部，用路由器进行连接，通过路由器配置，让2个分部之间可以互相通信。

静态路由配置

（1）规划电脑和路由器IP地址

网络拓扑见图5-1-2，具体参数见表5-1-1。

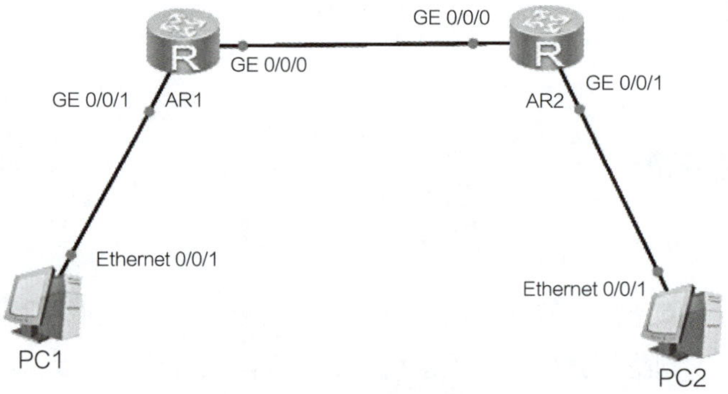

图 5-1-2　静态路由配置拓扑图

表5-1-1　电脑和路由器IP地址等参数

设备	接口	对端接口	IP 地址	子网掩码	网关
PC1	E 0/0/1	AR1 GE 0/0/1	192.168.10.10	255.255.255.0	192.168.10.1
PC2	E 0/0/1	AR2 GE 0/0/1	192.168.20.10	255.255.255.0	192.168.20.1
AR1	GE 0/0/0	AR2 GE 0/0/0	10.10.10.1	255.255.255.0	N/A

续表

设备	接口	对端接口	IP 地址	子网掩码	网关
AR1	GE 0/0/1	PC1 E 0/0/1	192.168.10.1	255.255.255.0	N/A
AR2	GE 0/0/0	AR1 GE 0/0/0	10.10.10.2	255.255.255.0	N/A
	GE 0/0/1	PC2 E 0/0/1	192.168.20.1	255.255.255.0	N/A

（2）对路由器进行配置

路由器1配置

```
//基础配置
system-view                          //进入系统模式
sysname AR1                          //更改路由器名称
interface g 0/0/0                    //进入端口g 0/0/0
ip address 10.10.10.1 24             //配置IP地址，可用掩码位数配置，为互联IP
quit                                 //返回上一级
interface g 0/0/1                    //进入端口g 0/0/1
ip address 192.168.10.1 24           //配置IP，为电脑网关
ip route-static 192.168.20.0 24 10.10.10.2    //静态路由配置，配置静态路由，到达20网段，要经过10.10.10.2接口
```

路由器2配置

```
system-view                          //进入系统模式
sysname AR2                          //更改路由器名称
interface g 0/0/0                    //进入端口g 0/0/0
ip address 10.10.10.2 24             //配置IP地址，可用掩码位数配置，为互联IP
quit                                 //返回上一级
interface g 0/0/1                    //进入端口g 0/0/1
ip address 192.168.20.1 24           //配置IP，为电脑网关
ip route-static 192.168.10.0 24 10.10.10.1    //静态路由配置，配置静态路由，到达10网段，要经过10.10.10.1接口
```

（3）验证配置

配置完成之后，用户ping命令测试，PC1和PC2可以互相通信。

任务5.2 动态路由配置

任务书

任务	任务 5.2 动态路由配置	**所属项目**	项目 5 网络设备应用与配置
任务描述	某公司综合办公楼进行网络综合设计施工，需要对网络设备进行配置。本任务要求配置动态路由器，让网络进行互通，能实现一些业务功能。		
学习产品	路由器配置文档，eNSP 配置文件		
学习要求	一、预习任务 1. 路由器的种类，性能。 2. 路由器的功能。 3. 路由的概念，种类与特点。 4. 网络互联中常用的路由协议。 5. 查询匹配路由表考查的参数。 二、掌握路由器的动态路由配置方法		

知识准备

路由器（Router）是工作在OSI第三层（网络层）上的互联设备，如图5-2-1和图5-2-2所示。它可以连接不同传输速率并运行于各种环境的局域网和广域网。因为路由器的互联功能更强，因而能获得更多的信息，为到来的数据分组找到最佳路径。路由器与网络协议有关，利用互联网络协议，可以为网络管理员提供整个网络的信息，以便管理网络。

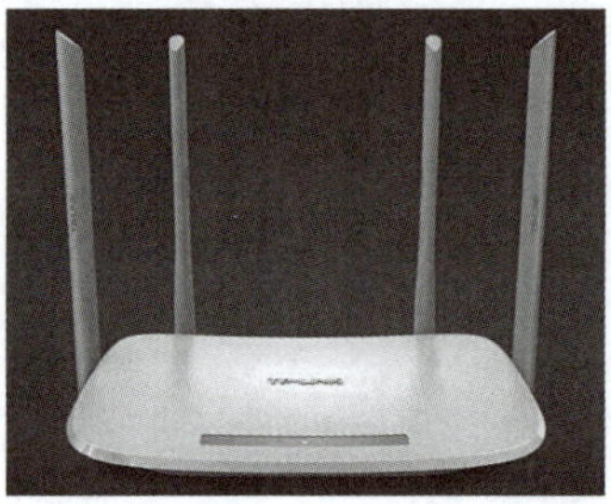

图 5-2-1　路由器 a

图 5-2-2　路由器 b

5.2.1 路由器的功能

路由器的主要功能为：路径选择、数据转发（又称为交换）和数据过滤。路由器的功能可以由硬件来实现，也可以由软件来实现，或者是部分功能由硬件来实现，部分功能由软件来实现。

5.2.2 路由选择

（1）路由选择

路由器一般有多个网络接口，包括局域网的网络接口和广域网的网络接口，每个网络接口连接不同的网络，是一个网状型拓扑结构，这就为源主机通过网络到目的主机的数据传输提供了多条路径。路由选择就是从这些路径中寻找一条将数据包从源主机发送到目的主机的最佳传输路径的过程，如图5-2-3所示。

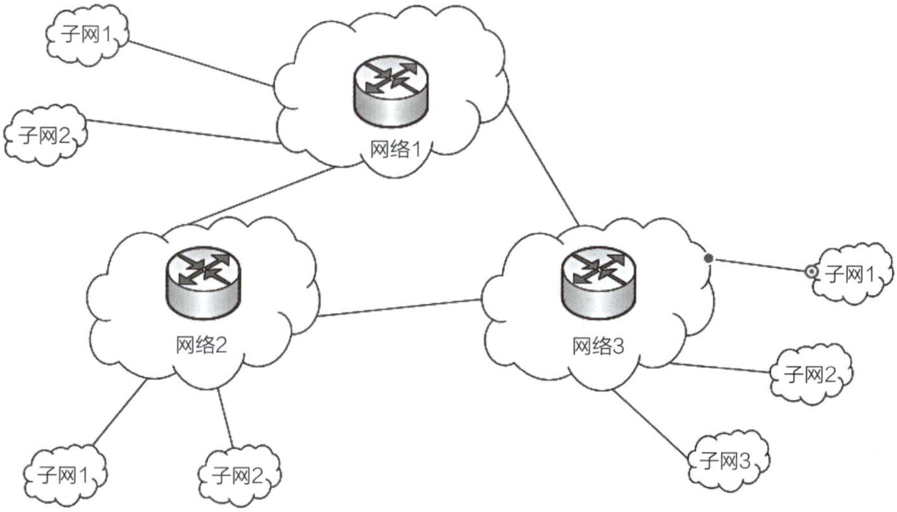

图 5-2-3 路由选择

（2）路由器工作原理

图5-2-4为路由器工作原理的一个简单例子。假设，主机A要向主机B发送数据，中间要经过多个路由器，这时有多条路径可供选择，其路径选择和数据转发的工作流程如下。

①主机A将欲发送的数据（包括B的地址）发送给路由器1。

②路由器1收到主机A的数据包以后，先从数据包中取出主机B的地址，再根据路由表从多条路径中计算出发往主机B的最佳路径（这里假设该路径为主机A→路由器1→路由器2→路由器5→主机B），并将数据包转发给路由器2。

③路由器2重复路由器1的工作，并将数据包转发给路由器5。

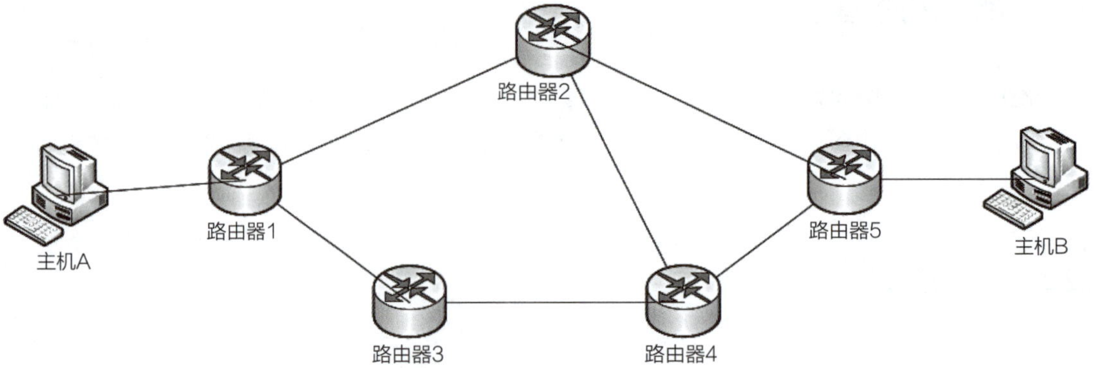

图 5-2-4　路由器的路径选择和数据转发

④路由器5取出主机B的地址，发现主机B就在该路由器所连接的网络上，就将该数据包发往主机B。

至此，主机A的数据包经一级级转发，最终发送到目的主机B。

5.2.3　路由协议

路由协议是指路由选择协议，是实现路由选择算法的协议，网络互联中常用的路由协议有RIP（路由选择信息协议）、OSPF（开放式最短路径优先协议）、BGP（边界网关协议）等。

（1）路由选择信息协议（Routing Information Protocol，RIP）

RIP是一种最早的路由协议，由于它在选择两点间的最优路径时只考虑节点间的中继次数的缘故，现在仍然被广泛使用。但RIP也存在自身缺陷，例如，它不考虑网络的拥塞状况和连接速率等因素。使用RIP的路由器每30秒向其他路由器广播一次自己的路由表。这种广播会造成极大的数据传输量，特别是网络中存在大量的路由器时。如果路由表改变了，新的信息要传输到网络中较远的地方，可能会花费几分钟的时间，所以RIP的收敛时间是非常长的。另外，RIP还限制中继次数不能超过16跳（经过16台路由器设备），所以，在一个大型网络中，如果数据要被中继16跳以上，它就不能再传输了。而且，与其他类型的路由协议相比，RIP速率慢，且安全性较差。

（2）开放式最短路径优先协议（Open Shortest Path First，OSPF）

OSPF路由协议弥补了RIP的一些缺陷，并能与RIP在同一网络中共存。OSPF在选择最优路径时使用了一种更灵活的算法，最优路径是指从一个节点到另一个节点传输效率最高的路径。在理想的网络环境中，两点间的最优路径就是直接连接两点的路径。如果传输数据量过大，或数据在传输过程中损耗过大，数据不能沿最直接的路径传输，路由器就要另外选择一条还要通过其他路由器但效率最高的路径。这种方案就要求路由器带有更多的内存和功能更强大的中央处理器。OSPF是继RIP之后使用第二多的协议。

（3）边界网关协议（Border Gateway Protocol，BGP）

边界网关协议（BGP）是一种用于互联网主干的路由协议，它是网络通信中不同自治系统(Autonomous System)之间进行路由信息交换的协议。BGP不仅具有路由选择的功能，还具有路径控制的能力，可以对流量进行灵活的策略控制。

5.2.4 路由表

路由器的一个作用是连通不同的网络，另一个作用则是为经过路由器的每个数据帧寻找一条最佳传输路径，并将该数据有效地传送到目的节点。所以，选择最佳路径的策略即路由算法是路由器工作原理的关键。为路由器进行路由选择时提供依据的是路由表(Routing Table)。这里介绍两种不同类型的路由表。

(1)动态(Dynamic)路由表

动态路由表是路由器根据网络系统的运行情况而自动调整的路由表。路由器根据路由选择协议提供的功能，自动学习和记忆网络运行情况，在需要时自动计算数据传输的最佳路径。在网络规模大、网络拓扑复杂的网络中多用动态路由表。

(2)静态(Static)路由表

由系统管理员事先设置好的固定的路由表称为静态路由表，通常是在系统安装时就根据网络的配置情况预先设定好的，它不会随网络结构的变化而改变。静态路由表的优点是简单、高效、可靠、优先级高。当动态路由与静态路由发生冲突的时候，以静态路由为准。

(3)路由表的组成

路由表就像我们平时使用的地图一样，标识着各种网络路径。路由表中保存着子网的标志信息、网上路由器的个数和下一个路由器的名字等内容。路由表可以由系统管理员固定设置好(静态路由)，也可以由系统动态调整(直连路由)，还可以由路由器根据一定规则自动调整各种路由选择协议，以及可以由主机控制。

整个路由表分成以下两个部分。

①Codes部分。

Codes部分作为对路由表中条目类型的说明，描述了各种路由表条目的类型的缩写，下面进行说明。

C：表示直连路由，路由器的某个接口设置或连接了某个网段之后，就会自动生成。

S：静态路由，系统管理员通过手工设置之后生成。

R：RIP协议协商生成的路由。

B：BGP协议协商生成的路由。

BC：BGP的连接路由。

D：BEIGRP协议生成的路由，兼容CISCO的EIGRP。

DEX：BEIGRP的外部路由。

DHCP：当路由器的某个端口设置为由DHCP分配地址时，系统在收到“默认网关”属性之后自动生成的路由，实际上是一条默认路由。

②路由表的实体。

对实体中的每一行，都可以发现从左到右有如下几个内容：路由的类型(Codes表示)、目的网段（网络地址）、优先级[由管理距离（Administrative Distance，AD）、度量值（Metric）组成）]、下一跳网关（Next-hops）等。

目的网段： 就是网络号，它描述了一类IP包（目的地址）的集合。

优先级描述： 由AD和Metric组成，通常值越小，优先级越高、越可信。其中，AD表明了路由学习方法的优先级；Metric则表示不同的下一跳代表的路径的优先级。

下一跳网关： 被匹配的数据包从哪个端口被转发，有本地端口名字和下一跳IP可选。

【例5-1】 对于下列这条路由条目：

R 172.16.10.0[120/1]via 172.16.60.2 00:00:07 Serial0/0/0可以做如下解读。

R：路由来源，此条路由通过RIP学习到。

172.16.10.0：目的网络地址。

[120/1]：120是管理距离，RIP管理距离是120，1是实际跳数，即一跳到达目的网络。

Via 172.16.20.2：要到达目的网络172.16.10.0，将数据包发给邻居172.16.20.2，即下一跳IP地址。

00：00：07：距离上一次收到此条路由更新已经过去7s。

Serial0/0/0：要到达目的网络172.16.10.0，从本路由器的Serial0/0/0端口将数据包发出去。

（4）查询匹配路由表

路由器查询路由表不仅是找到一个下一跳，更重要的是选出一个最优的下一跳。下面来看一下它是如何选择的。

①掩码最长匹配。

路由器收到一个数据包，在查询路由表时，首先是查询目标网段，如果有多个条目同时匹配，则掩码长者优先。如果路由器收到一个目的地址为10.10.10.5的数据包，它将被转发到哪个端口呢?

S 10.10.0.0/16[0] is directly connected，VLAN2[0]

S 10.10.10.0/24[0] is directly connected，VLAN1[0]

C 172.16.19.0/24[0] is directly connected，VLAN2[0]

C 192.168.0.0/16[2] is directly connected，VLAN1[2]

两个路由项分别是10.10.0.0/16和10.10.10.0/24，显然两条静态路由都可以匹配上述目的地址。

因为第一跳的掩码长度为16，而第二跳的掩码长度为24，所以后者更加优先。因此，目的地址为10.10.10.5的数据包在转发时，下一跳地址为VLAN1这个接口，而不是VLAN2。可以看出，路由表优先级与其在表中的位置无关。

②管理距离。

管理距离（AD）是指一种路由协议的可信度，也可以说是协议优先级。该值在1～255，值越小，优先级及可信度越高。

每一种路由协议都有自己的默认AD，据此，不同的路由协议可以按可靠性从高到低排除一个优先级。该值可以根据需要进行调整。

对于到达同一目的地的多条不同协议学习到的路由项，路由器首先会根据AD决定相信哪一个协议。DCR路由器中常见路由协议的默认AD值见表5-2-1。

表5-2-1　DCR路由器中常见路由协议的默认AD值

路由协议	管理距离	路由协议	管理距离
C 直连路由	0	R 路由信息协议 RIP	120
S 静态路由	1	O 域内 OSPF	110

并不是所有厂家的默认值都是完全一致的，这些默认值都是可以修改的，使用时不要一概而论。

③路由度量值。

路由度量值（Metric）是表示路由项优先级、可信度的重要参数之一。

不同路由协议的AD值不同，而同种类型的路由协议AD值相等。如果同种路由协议生成了多个路由表项，目的网段相同，且AD值也相同，就可以通过度量值来判断。

不同路由协议计算度量值的方法是不同的，如图5-2-5所示。

RIP协议是以跳数作为度量值的，两个相邻的路由设备和之间的链路为一跳。跳数越多，优先级越低。很显然，如图5-2-5所示，从网络1到网络2，根据距离矢量路由协议计算。

路线1： 网络1-路由器2-路由器3-网络2

经过2个路由器，跳数为2，度量值为2

路线2： 网络1-路由器2-路由器1-路由器3-网络2

经过3个路由器，跳数为3，度量值为3

根据选择原则，会选择度量值最小的（跳数最少），也就是路线1，带宽为128k的低速链路。

OSPF的Metric值计算方法比较复杂，是把每一段网络的带宽倒数累加起来后乘以100000000（即100M）。简单地说，OSPF的度量值与带宽相关。此时，OSPF根据其度量值选择了带宽较大的路径传输数据。

路线1： 网络1-路由器2-路由器3-网络2

度量值：（1/128000）×100000000=781.25

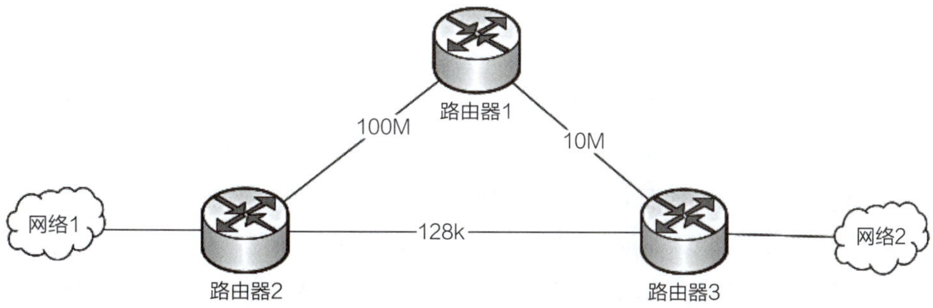

图 5-2-5　网络拓扑图

路线2： 网络1-路由器2-路由器1-路由器3-网络2

度量值：（1/10000000+1/100000000）× 100000000=11

根据选择原则，OSPF会选择度量值较小的线路2，也就是虽然经过路由器较多，但带宽较大的线路2。

注意： 只有动态路由才会有Metric参数，静态路由是没有的。不同类型路由协议的Metric值没有可比性。

（5）默认路由

如果没有找到匹配的路由，主机就把IP数据包送给一个称为默认网关（Default Gateway）的路由器上。“默认网关”是每台主机上的一个配置参数，它是接在同一个网络上的某个路由器端口的IP地址。

值得注意的是，为路由器添加默认路由和为主机添加默认网关是不同的概念。通常在设备上添加8个0的路由，能够为到达设备的所有数据寻址发送，在这种情况下，没有在路由表中寻找到明确匹配项的数据，将遵从这8个0的路由发送出去。在某些设备中（如二层交换机）可以为设备添加默认网关，这种做法多见于没有开启IP路由选择的设备，如主机和二层交换机中。在路由器中如果开启了IP路由选择，则可以使用8个0来设置默认路由。

路由器转发IP数据包时，只根据目的IP地址的网络号部分选择合适的端口，把数据包送出去。同主机一样，路由器也要判定端口所接的是不是目的子网。如果是，就直接把数据通过端口送到网络上，否则，也要选择下一个路由器来传送数据。路由器也有它的默认路由/默认网关，用来传送不知道往哪儿传送的IP数包。这样，通过路由器，把知道如何传送的IP数据包正确转发出去，把不知道的IP数据包送给默认路由器，这样一级级地传送，IP数据包最终会被送到目的地，送不到目的地的IP数据包则被网络丢弃了。

5.2.5 路由器的分类

（1）从支持网络协议能力的角度划分

从支持网络协议能力的角度，可将路由器划分为单协议路由器和多协议路由器。

单协议路由器只能应用于特定的协议环境，一般是商家为某种特定的网络协议相配套而开发的。多协议路由器可支持当前常见的多种网络协议，具有广泛适应性，它能提供一种管理手段来允许/禁止某种特定的协议，但不提供各种应用协议之间的转换。

（2）从所处网络位置划分

从所处网络位置划分，通常把路由器划分为边界路由器和中间节点路由器。

顾名思义，边界路由器处于网络边缘，用于不同网络路由器的连接；而中间节点路由器则处于网络的中间，通常用于连接不同网络，起到一个数据转发的桥梁作用。由于各自所处的网络位置不同，其主要性能也有相应侧重。选择中间节点路由器时需要注重MAC地址的记忆功能，也就是要求选择缓存更大、MAC地址记忆能力较强的路由器。但是边界路由器由于可能要同时接收来自许多不同网络路由器发来的数据，所以就要求这种边界路由器的背板带宽要足够宽，当然这也要视边界路由器所处的网络环境而定。

（3）从功能上划分

从功能上划分，可将路由器划分为骨干级路由器、企业级路由器和接入级路由器。

骨干级路由器是实现企业级网络互联的关键设备，数据吞吐量较大。对骨干级路由器的基本性能要求是高速度和高可靠性。为了达到高可靠性，网络系统普遍采用诸如热备份、双电源、双数据通路等传统冗余技术，从而保证骨干路由器的高可靠性。企业级路由器连接许多终端系统，连接对象较多，但系统相对简单，且数据流量较小，对这类路由器的要求是以尽量便捷的方法实现尽可能多的端点互联，同时还要求能够支持不同的服务质量。接入级路由器主要应用于连接家庭或ISP内的小型企业客户群体。

任务实施

任务5.2 动态路由配置

任务描述

公司接了一个中型网络规划设计项目，为某公司综合办公楼规划建设网络，现已为各类办公室按业务要求进行了网络划分，需要配置路由器，以保证各部门连接到网络。

任务准备

计算机、eNSP模拟软件。

任务指导

1 跨 VLAN 通信

在公司的实际应用中，通过VLAN可以进行逻辑隔离，但有时候，不同部门之间也需要进行通信，这就需要通过第三层网络层进行通信。本实例，通过相关配置，让不同部门的电脑实现通信功能。

通过单臂路由实现不同VLAN间通信，如图5-2-6所示。

根据公司需求，设计电脑2台，IP地址规划如下（表5-2-2）。

跨 VLAN 通信
单臂路由配置

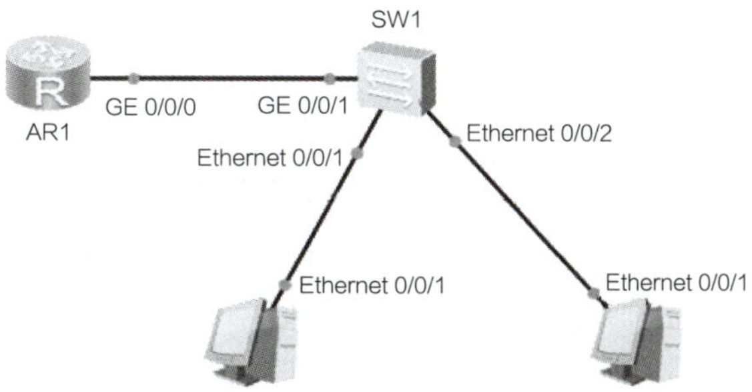

图 5-2-6 单臂路由拓扑图

表5-2-2 电脑PC的IP地址等参数表

电脑	IP	子网掩码	网关
PC1	192.168.10.10	255.255.255.0	192.168.10.1
PC2	192.168.20.10	255.255.255.0	192.168.20.1

（1）配置PC1、PC2的IP（配置过程略）

（2）交换机配置

```
system-view
sysname SW1
vlan 10                              //建立VLAN 10
quit                                 //返回到配置模式
Interface e0/0/1                     //进入端口
port link-type access                //设置端口模式
port default vlan 10                 //把端口加入VLAN10
quit                                 //返回到配置模式
vlan 20                              //建立VLAN 20
quit                                 //返回到配置模式
Interface e0/0/2                     //进入端口
port link-type access                //设置端口模式
port default vlan 20                 //把端口加入VLAN20
quit                                 //返回到配置模式
interface g0/0/1                     //进入端口g0/0/1
port  link-type trunk                //把24口设置成Trunk模式
port trunk allow-pass vlan all       //允许通过所有VLAN数据
quit                                 //返回到配置模式
```

（3）路由器配置

```
system-view
sysname AR1
interface g0/0/0.1                   //进入子接口g0/0/0.1
dot1q termination vid 10             //把这个子接口封装到VLAN10
ip address 192.168.10.1  24          //为子接口配置IP，也就是电脑的网关
arp broadcast enable                 //开启ARP广播
interface g0/0/0.2                   //进入子接口g0/0/0.2
dot1q termination vid 20             //把这个子接口封装到VLAN20
ip address 192.168.20.1  24          //为子接口配置IP，也就是电脑的网关
arp broadcast enable                 //开启ARP广播
```

(4) 验证配置

PC、交换机配置完成之后，PC1、PC2互相ping不通，路由器配置完成之后，PC1、PC2可以互相ping通。

2 动态路由 RIP 配置

(1) 规划电脑和路由器IP地址

网络拓扑见图5-1-2，具体参数见表5-2-3。

表5-2-3 电脑和路由器IP地址等参数

设备	接口	对端接口	IP 地址	子网掩码	网关
PC1	E 0/0/1	AR1 GE 0/0/1	192.168.10.10	255.255.255.0	192.168.10.1
PC2	E 0/0/1	AR2 GE 0/0/1	192.168.20.10	255.255.255.0	192.168.20.1
AR1	GE 0/0/0	AR2 GE 0/0/0	10.10.10.1	255.255.255.0	N/A
	GE 0/0/1	PC1 E 0/0/1	192.168.10.1	255.255.255.0	N/A
AR2	GE 0/0/0	AR1 GE 0/0/0	10.10.10.2	255.255.255.0	N/A
	GE 0/0/1	PC2 E 0/0/1	192.168.20.1	255.255.255.0	N/A

(2) 对路由器进行配置

路由器1配置

```
//基础配置
system-view
sysname AR1
interface g 0/0/0
ip address 10.10.10.1 24                //可用掩码位数配置
quit
interface g 0/0/1
ip address 192.168.10.1 24              //可用掩码位数配置
//以下为RIP路由配置，注意与上例中静态路由区别
Rip 1                                   //开启动态RIP路由
version 2                               //指定版本2
network 192.168.10.0                    //设置直连网段
network 10.0.0.0                        //设置直连网段
```

思考：为什么不是10.10.10.0?

路由器2配置

```
system-view
sysname AR2
interface g 0/0/0
ip address 10.10.10.2 24                //可用掩码位数配置
quit
interface g 0/0/1
ip address 192.168.20.1 24        //可用掩码位数配置
//以下为RIP路由配置，注意与上例中静态路由区别
Rip 1                                   //开启动态RIP路由
version 2                               //指定版本2
network 192.168.20.0                    //设置直连网段
network 10.0.0.0                        //设置直连网段
```

（3）验证配置

配置完成之后，PC1和PC2可以互相通信。

3 动态路由 OSPF 配置

（1）规划电脑和路由器IP地址

网络拓扑见图5-1-2，具体参数见表5-2-3。

（2）对路由器进行配置

路由器1配置

```
system-view
sysname AR1
interface g 0/0/0
ip address 10.10.10.1 24                //可用掩码位数配置
quit
interface g 0/0/1
ip address 192.168.10.1 24              //可用掩码位数配置
//以下为OSPF路由配置，注意与静态路由、RIP路由区别
ospf  1                                 //建立OSPF
area 0                                  //应用区域0
network 192.168.10.0 0.0.0.255          //设置直连网段，注意反掩码格式
network 10.10.10.0 0.0.0.255            //设置直连网段，注意反掩码格式
```

路由器2配置

```
system-view
sysname AR2
interface g 0/0/0
ip address 10.10.10.2 24                //可用掩码位数配置
quit
```

```
interface g 0/0/1
ip address 192.168.20.1 24              //可用掩码位数配置
//以下为OSPF路由配置，注意与静态路由、RIP路由区别
ospf  1                                 //建立OSPF
area 0                                  //应用区域0
network 192.168.20.0 0.0.0.255          //设置直连网段，注意反掩码格式
network 10.10.10.0 0.0.0.255            //设置直连网段，注意反掩码格式
```

（3）验证配置

配置完成之后，PC1和PC2可以互相通信。

4 使用 S 口（串口）的静态路由配置

拓扑图如图5-2-7所示。

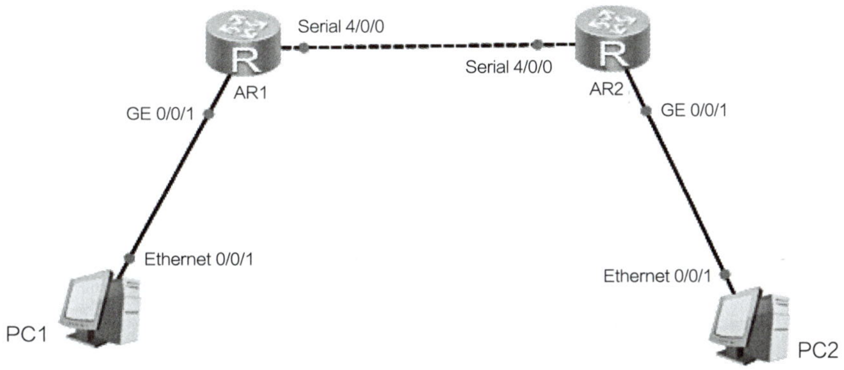

图 5-2-7　使用 S 口（串口）的静态路由配置拓扑图

（1）规划电脑和路由器IP地址

网络拓扑见图5-2-7，具体参数见表5-2-4。

表5-2-4　电脑和路由器IP地址等参数

设备	接口	对端接口	IP 地址	子网掩码	网关
PC1	E 0/0/1	AR1 GE 0/0/1	192.168.10.10	255.255.255.0	192.168.10.1
PC2	E 0/0/1	AR2 GE 0/0/1	192.168.20.10	255.255.255.0	192.168.20.1
AR1	S 4/0/0	AR2 S 4/0/0	10.10.10.1	255.255.255.0	N/A
	GE 0/0/1	PC1 E 0/0/1	192.168.10.1	255.255.255.0	N/A
AR2	S 4/0/0	AR1 S 4/0/0	10.10.10.2	255.255.255.0	N/A
	GE 0/0/1	PC2 E 0/0/1	192.168.20.1	255.255.255.0	N/A

（2）路由器配置

路由器1配置

system-view

sysname AR1

interface s 4/0/0

ip address 10.10.10.1 24 //可用掩码位数配置

quit

interface g 0/0/1

ip address 192.168.20.1 24 //可用掩码位数配置

ip route 192.168.20.0 255.255.255.0 10.10.10.2 //配置静态路由，到达20网段，要经过10.10.10.2接口

路由器2配置

system-view

sysname AR2

interface s 4/0/0

ip address 10.10.10.2 24 //可用掩码位数配置

quit

interface g 0/0/1

ip address 192.168.20.1 24 //可用掩码位数配置

ip route 192.168.10.0 255.255.255.0 10.10.10.1 //配置静态路由，到达20网段，要经过10.10.10.1接口

（3）验证配置

配置完成之后，PC1和PC2可以互相通信。

5 路由重分发配置

某公司因业务整合，由2个部门合并而成，但这2个部门网络配置不一样，其中A部门用的RIP路由进行通信，B公司用的OSPF路由进行通信，现在2个部门合并以后，要实现2个部门之间的通信，拟加入一台路由器，实现相关通信功能。设计拓扑如图5-2-8所示。

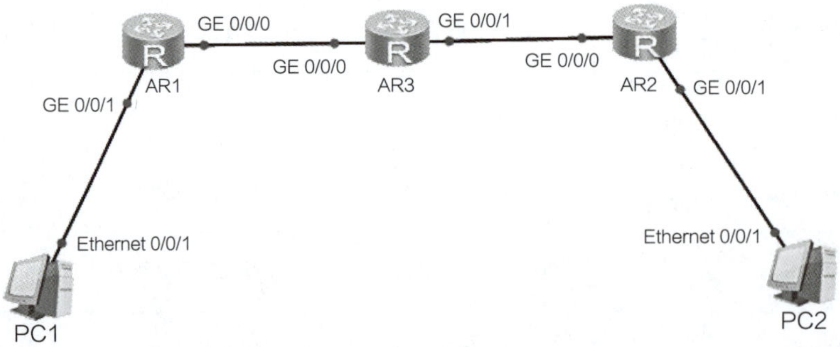

图 5-2-8 路由重分发拓扑

表5-2-5　电脑和路由器IP地址等参数

设备	接口	对端接口	IP 地址	子网掩码	网关
PC1	E 0/0/1	AR1 GE 0/0/1	192.168.10.10	255.255.255.0	192.168.10.1
PC2	E 0/0/1	AR2 GE 0/0/1	192.168.20.10	255.255.255.0	192.168.20.1
AR1	GE 0/0/0	AR3 GE 0/0/0	10.10.10.1	255.255.255.0	N/A
	GE 0/0/1	PC1 E 0/0/1	192.168.10.1	255.255.255.0	N/A
AR2	GE 0/0/0	AR3 GE 0/0/1	10.10.20.1	255.255.255.0	N/A
	GE 0/0/1	PC2 E 0/0/1	192.168.20.1	255.255.255.0	N/A
AR3	GE 0/0/0	AR1 GE 0/0/0	10.10.10.2	255.255.255.0	N/A
	GE 0/0/1	AR2 GE 0/0/0	10.10.20.2	255.255.255.0	N/A

（1）电脑IP配置

配置过程略，具体参数见表5-2-5。

（2）路由器1配置

```
sysname AR1                                //更改路由器名称
interface g0/0/1                           //进入端口g0/0/1
ip address 192.168.10.1 255.255.255.0      //配置IP，为电脑网关
interface g0/0/0                           //进入端口g0/0/0
ip address 10.10.10.1   255.255.255.0      //配置IP，互联IP
rip 1                                      //开启动态RIP路由
version 2                                  //指定版本2
network  192.168.10.0                      // 设置直连网段
network  10.0.0.0                          //设置直连网段
```

（3）路由器2配置

```
sysname AR2                                //更改路由器名称
interface g0/0/1                           //进入端口g0/0/1
ip address 192.168.20.1 255.255.255.0      //配置IP，为电脑网关
interface g0/0/0                           //进入端口g0/0/0
ip address 10.10.20.1   255.255.255.0      //配置IP，互联IP
ospf  1
area 0                                     //建立OSPF区域0
```

```
network 192.168.20.0 0.0.0.255          //设置直连网段，并加入区域10
network 10.10.20.0 0.0.0.255            //设置直连网段，并加入区域10
```

（4）路由器3配置

```
sysname AR3                             //更改路由器名称
interface g0/0/0                        //进入端口g0/0/0
ip address 10.10.10.2 255.255.255.0     //配置互联IP
interface g0/0/1                        //进入端口g0/0/1
ip address 10.10.20.2   255.255.255.0   //配置IP，互联IP
Rip 1                                   //开启动态RIP路由
version 2                               //指定版本2
network 10.0.0.0                        //设置直连网段
import-route ospf 1 cost 1              //重分发路由到OSPF1中，并指定开销成本
ospf  1
area  0                                 //建立ospf区域0
network 10.10.20.0 0.0.0.255            //设置直连网段，并加入区域10
import-route rip 1 cost 2               //重分发路由到RIP中，并指定开销成本
```

（5）验证配置

全部配置完成之后，PC1和PC2可以互相通信。

任务总结

要求撰写实训总结时，把完成任务过程中遇到的问题与解决方法、未解决或需要进一步探讨的问题，以及任务实践过程中的收获和经验教训的内容写入实验报告并提交。

任务5.3

无线局域网组建

任务书

任务	任务 5.3 无线局域网组建	所属项目	项目 5 网络设备应用与配置
任务描述	某公司综合办公楼进行网络综合设计施工，需要对网络设备进行配置。本任务主要了解无线网络组建，并配置无线网络设备。		
学习产品	无线网络配置文档		
学习要求	一、预习任务 1. 无线网络传输介质。 2. 无线网络设备。 3. 常见的无线网络传输协议标准。 4. 无线网络信道划分方法。 5. 无线网络安全。 二、掌握无线网络设备的配置方法		

知识准备

5.3.1　无线传输介质

无线网络设备

在计算机网络的发展历程中，有线网络一直处于主导地位。随着移动设备的应用与普及，无线网络得到了广泛的应用。特别是平板电脑、手机的大量应用，加快了无线网络的发展。现如今，笔记本电脑、平板电脑、手机等设备已渐渐成为主流，有许多台式电脑通过添加无线网卡等形式也加入到无线大家庭中来。

（1）无线网络的主要优点

有了无线网络以后，人们上网不再受位置的限制，可以享受随时随地办公、休闲、娱乐的便利。与有线网络相比，无线网络主要有以下优点。

①由于采用无线电波作为传输介质，避开了布线的困扰，同时高频无线电波可以穿透玻璃或墙壁，能够满足一定范围内的局部组网。

②在开放性办公区、办公场所变化频繁、移动办公、展示会议以及场地条件恶劣不适宜布线的场合，无线局域网具有有线网络不可替代的优越性。

③无线局域网构建简单，组网比较容易，管理和维护的技术要求也不高。比如在无线局域网络中就不会发生电缆断线或接头连接等故障。

④能够保持与有线网络的兼容，通过接入设备可以实现无线局域网与有线网络的无缝连接。

⑤对经常变动的办公网络，无线局域网方案比有线网络成本更低。

（2）电磁波谱

电子运动时会产生电磁波，电磁波可以在空气中传播，也可以在真空中传播。电磁波的频率很广，无线电波、光波（红外线、可见光、紫外线）、α射线、γ射线都属于电磁波。如果把电磁波按频率大小的顺序排列成谱，就形成了电磁波谱（图5-3-1）。

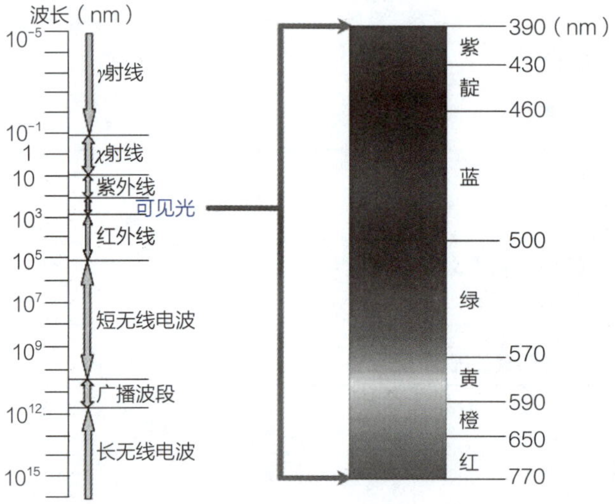

图 5-3-1 电磁波谱

对频谱的使用并不是没有限制的，世界各国都会根据自己国家的具体情况，对频谱进行划分，合理利用。比如，网络运营商使用某些频段，必须获得许可。

此外，大多数国家把一些频段保留下来，用于非许可性的应用，如无线遥控玩具、无线鼠标及无线家电等，这些频段称为工业科学医学（Industrial Scientific Medical，ISM）频段。因不同国家有不同的规定，所以ISM频段在频谱中的位置并不统一。其中，2.4GHZ频段在大多数国家可以免费使用。

用作无线传输介质的主要有无线电波（RF）和红外线（IR）等。

5.3.2 无线网络设备

（1）无线网卡（Wireless LAN Card）

无线网卡与普通网卡一样，用来安装在台式计算机或笔记本电脑中，实现无线数据发送和接收。与普通网卡不同的是，无线网卡在其外端一侧增加了一个类似于天线的设备，其数据传输依赖于无线电波，而普通网卡则是通过有线传输介质来传输数据。

目前无线网卡的速率主要有150Mbps、300Mbps、450Mbps、650Mbps、1200Mbps等规格，笔记本电脑、平板电脑、手机等设备一般都内置无线网卡。台式机上用的无线网卡，现在一般是USB接口。

（2）无线接入点（Access Point，AP）

无线AP主要用来实现网络的多点访问以及与外部网络的连接，在介质访问控制层（MAC）中扮演无线工作站及有线局域网络的桥梁，其功能类似于有线网络的集线器（Hub），使多点接入构成以接入点设备为中心的星型网络结构。因此，任何一台装有无线网卡的工作站均可通过无线AP去分享有线局域网络甚至广域网络的资源。除此之外，无线AP本身又具有可网管功能，可针对接入无线工作站作必要的控制和管理。

（3）无线路由器（Wireless Router）

无线路由器是将单纯性无线AP和宽带路由器合二为一的扩展型产品，它不仅具备单纯性无线AP所有功能，如支持DHCP客户端，支持VPN、防火墙，支持WEP加密等，而且还具备网络地址转换（NAT）功能，可支持局域网用户的网络连接共享，实现家庭无线网络中的Internet连接共享，ADSL和小区宽带的无线共享接入。

无线路由器的端口有WAN口、LAN口。从外形上讲，无线AP和无线路由器几乎一样。二者的主要区别是：无线路由器带有路由功能，WAN口和LAN口连接的是两个不同的网络，而无线AP连接的是同一个网络。

（4）天线（Antenna）

天线的功能是将源信号以无线电波的形式传送至远处或从远处接收。一般天线可分为定向性（Uni-direction）和全向性（Omni-direction）两种，前者较适合于长距离使用，后者则较适合区域性应用。

5.3.3　无线网络的主要协议标准

无线网络主要协议标准

无线网络协议标准是为各种无线设备互通信息而制定的规则。

目前常用的无线网络标准主要有美国IEEE所制定的IEEE802.11标准（包括IEEE 802.11a、IEEE 802.11b、IEEE 802.11g、IEEE 802.11n、IEEE 802.11ax等标准）。

（1）IEEE 802.11a

IEEE 802.11a是IEEE 802.11原始标准的一个修订标准，于1999年获得批准。IEEE 802.11a标准采用了与原始标准相同的核心协议，工作频率为5GHz，使用52个正交频分多路复用（OFDM）副载波，最大原始数据传输率为54Mbps。

（2）IEEE 802.11b

1999年9月通过的IEEE 802.11b工作在2.4～2.483GHz频段。IEEE 802.11b数据传输速率可以为11Mbps、5.5Mbps、2Mbps、1Mbps或更低，根据噪声状况自动调整。当

工作站之间距离过长或干扰太大、信噪比低于某个限值时，传输速率能够从11Mbps自动降到5.5Mbps，或者根据直接序列扩频技术调整到2Mbps和1Mbps。IEEE 802.11b使用带有防数据丢失特性的载波检测多址连接（CSMA/CA）作为路径共享协议，物理层调制方式为CCK（补码键控）的DSSS（直接序列扩频）。

（3）IEEE 802.11g

2003年7月通过的IEEE 802.11g为第三种调变标准，其载波的频率为2.4GHz（跟802.11b相同），原始传送速度为54Mbps，净传输速度约为24.7Mbps（跟802.11a相同）。802.11g的设备与802.11b兼容。802.11g是为了提高传输速率而制定的标准，它采用2.4GHz频段，使用CCK技术与802.11b后向兼容，同时它又通过采用OFDM（正交频分复用）技术支持高达54Mbps的数据流，所提供的带宽是802.11a的1.5倍。

（4）IEEE 802.11n

IEEE 802.11n标准发布于2009年9月，其目的主要是提升WLAN的吞吐性能。相比之前的IEEE 802.11a/b/g标准，IEEE 802.11n引入了许多新的技术，如OFDM（正交频分复用技术）、MIMO（多入多出）技术等。借助这些新技术，IEEE 802.11n网络的接入速率最高可达600Mbps。为了保持与旧标准的兼容性，IEEE 802.11n沿用了IEEE 802.11a/b/g所用的频带资源，即IEEE 802.11n的工作频段和信道资源与IEEE 802.11a/b/g保持一致。

（5）IEEE 802.11ax

IEEE 802.11ax也叫Wi-Fi6，Wi-Fi6使用了名为MU-MIMO（多用户多入多出）的技术，该技术允许路由器同时与多个设备通信，而不是依次进行通信。MU-MIMO允许路由器一次与四个设备通信，而Wi-Fi6允许与多达8个设备通信。Wi-Fi6还利用其他技术，如OFDMA（正交频分多址）和发射波束成形，二者的作用分别是提高效率和网络容量。Wi-Fi6理论最大传输速度为9.6Gbps。

Wi-Fi6中的一项新技术允许设备规划与路由器的通信，减少了保持天线传输和搜索信号所需的时间，这就意味着减少了终端的电池消耗。

5.3.4 无线信道划分

无线信道可以比作有线局域网中的网线。常用的IEEE 802.11b/g/n工作在2.4～2.4835GHz频段，这些频段通常被分为11个或13个信道。在无线AP的覆盖范围内存在多个AP时，为了避免共用信道发生冲突，需要为每个AP设置不同的频段。而很多用户使用的无线设备的默认设置都是Channel为1，当两个以上的这样的无线AP设备BSS重叠时，冲突就在所难免。为保证这部分区域所使用的信号信道不互相覆盖，就需要信号互相覆盖的无线AP尽量使用不同的信道，否则很容易造成各无线AP之间的信号相互干扰，从而导致无线网络的整体性能下降。

2.4GHz共划分了14个信道，每个信道的频率宽度为22MHz，信道频率从2.4GHz到2.488GHz。我国允许使用1～13个信道，美国使用1～11个信道，日本可以使用全部14个信道。通过频率图可以看出来，信道之间是有交叉的，为了完全不产生干扰，信道的间隔要达到5MHz或者以上，为了更有效率地利用，一般应用1、6和11信道，如图5-3-2所示。

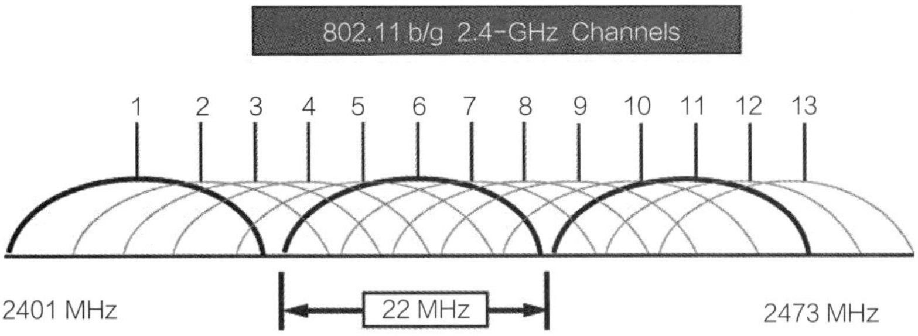

图5-3-2 无线信道划分

不同国家对5G信道的使用情况不同，5G信道的频率宽度为20MHz，世界主要国家和地区的5G信道使用情况如图5-3-3所示。

信道	中心频率	美国	欧盟	日本	中国
36	5180	Yes	Indoors	Yes	Yes
38	5190	No	No	Client Only	No
40	5200	Yes	Indoors	Yes	Yes
42	5210	No	No	Client Only	No
44	5220	Yes	Indoors	Yes	Yes
46	5230	No	No	Client Only	No
48	5240	Yes	Indoors	Yes	Yes
52	5260	DFS	Indoors/DFS/TPC	DFS/TPC	Yes
56	5280	DFS	Indoors/DFS/TPC	DFS/TPC	Yes
60	5300	DFS	Indoors/DFS/TPC	DFS/TPC	Yes
64	5320	DFS	DFS/TPC	DFS/TPC	Yes
100	5500	DFS	DFS/TPC	DFS/TPC	Yes
104	5520	DFS	DFS/TPC	DFS/TPC	Yes
108	5540	DFS	DFS/TPC	DFS/TPC	No
112	5560	DFS	DFS/TPC	DFS/TPC	No
116	5580	DFS	DFS/TPC	DFS/TPC	No
120	5600	No	DFS/TPC	DFS/TPC	No
124	5620	No	DFS/TPC	DFS/TPC	No
128	5640	No	DFS/TPC	DFS/TPC	No
132	5660	DFS	DFS/TPC	DFS/TPC	No
136	5680	DFS	DFS/TPC	DFS/TPC	No
140	5700	DFS	DFS/TPC	DFS/TPC	No
149	5745	Yes	SRD	No	Yes
153	5765	Yes	SRD	No	Yes
157	5785	Yes	SRD	No	Yes
161	5805	Yes	SRD	No	Yes
165	5825	Yes	SRD	No	Yes

注：Yes为允许使用，No为不允许使用，DFS (Dynamic Frequency Selection)是一种动态频率选择设备，TPC（Transmit Power Control）是一种发射功率控制设备，SRD（Short-Range Devices）是一种短程设备，indoors指的是在封闭的室内空间进行通信或工作的设备，Client Only指仅允许客户端使用。

图5-3-3 世界主要国家和地区的5G信道使用情况

5.3.5 无线网络安全

无线网络有两个显著的特点：一是接入方便，终端设备如果能够搜索到无线信号，不需要其他设施辅助便可联入网络，这比有线网络方便很多；二是无线信号传输呈开放性特点，任何人在无线信号覆盖范围之内都有截获别人通信信息的可能。因此IEEE 802.11提供了认证和加密两方面的标准规范。

（1）认证

认证包括两种认证服务：开放系统认证和共享密钥认证。其中，开放系统认证是IEEE 802.11的默认认证方法。认证类型用数据链路层帧的认证算法码字段标识。如果该字段值为0，表示采用开放系统认证，为1表示采用共享密钥认证。

①开放系统认证。开放系统认证是默认使用的认证机制，也是最简单的认证算法，即不认证。开放系统认证包括两个步骤。

请求认证：客户端将数据链路层帧中的认证算法码字段设置为0。

返回认证结果：AP对请求进行响应。如果将认证类型设置为开放系统认证，则所有请求认证的客户端都会通过认证。

②共享密钥认证。共享密钥认证是可选认证机制，认证时需要客户端和AP之间进行4次交互。共享密钥认证要求必须能执行WEP（有线等效加密），并且认证是单向的，即只认证客户端的合法性，AP无须认证。

（2）加密

①WEP加密。有线等效加密（Wired Equivalent Privacy，WEP）是IEEE 802.11标准定义的加密规范。WEP采用对称密钥加密法，即加密和解密使用同一把密钥。IEEE 802.11在标准中定义了带24位初始向量的40位密钥（不同的软件供应商提供的实际密钥长度可能不同，比如有的产品提供带24位初始向量的104位密钥），并要求根据不同的安全等级周期性更改向量初始值。

WEP的工作原理：WEP函数对数据帧中的数据部分进行加密，并以密文替代原来数据帧中的明文数据发送，同时在数据帧头设置WEP位，告知接收端，数据已经加密。接收端收到密文帧后，用同样的加密方法对密文进行解密，并将解密结果替代数据部分，从而得到原来的初始帧信息。WEP存在不少缺点，很容易被破解，因此在2003年被WPA（Wi-Fi Protected Access）淘汰，又在2004年由完整的IEEE 802.11i标准（又称为WPA2）所取代。

②WPA/WPA2加密。WPA是一种保护无线计算机网络（Wi-Fi）安全的系统，它是应前一代WEP的缺陷而产生的。WPA实现了IEEE 802.11i标准的大部分，是在802.11i完备之前替代WEP的过渡方案。WPA2实现了完整的802.11i标准，但不能用在早期的无线设备上。

WPA加密方式目前有4种：WPA、WPA-PSK、WPA2、WPA2-PSK。采用的加密算法有两种：高级加密算法（Advanced Encryption Standard，AES）和临时密钥完整性协议（Temporal Key Integrity Protocol，TKIP）。

WPA是用来替代WEP的。WPA继承了WEP的基本原理，同时又弥补了WEP的缺点。WPA加强了生成加密密钥的算法，即便收集到分组信息并对其进行解析，也几乎无法计算出通用密钥；WPA中还增加了防止数据中途被篡改的功能和认证功能。

WPA-PSK（预先共享密钥Wi-Fi保护访问）适用于个人或普通家庭网络，使用预先共享密钥，密钥设置的密码越长，安全性越高。WPA-PSK只能使用TKIP加密方式。

WPA2是WPA的增强版，与WPA相比，WPA2新增了支持AES的加密方式。WPA2-PSK与WPA-PSK类似，适用于个人或普通家庭网络，使用预先共享密钥，支持TKIP和AES两种加密方式。

一般来说，在家庭无线路由器设置页面，选择使用WPA-PSK或WPA2-PSK认证类型即可，对应设置的共享密码应尽可能长些，并且在经过一段时间之后应更换共享密码，确保家庭无线网络的安全。对于企业用户，WPA/WPA2可采用IEEE 802.11x和EAP（可扩充认证协议），通过认证服务器加强认证管理。

任务实施

任务5.3　无线局域网组建

任务描述

公司接了一个中型网络规划设计项目，为某公司综合办公楼规划建设网络，现已为各类办公室按业务要求进行了网络划分，并组建了无线局域网，以方便各部门连接到网络。

任务准备

安装Windows操作系统的计算机若干台（安装有网卡或无线网卡，笔记本电脑都内置有无线网卡）、无线路由器1台、5类非屏蔽双绞线若干根。

任务指导

1 硬件连接

①将网线一端插入使用有线网络的电脑网卡接口，另一端插入无线宽带路由器的普通接口。

②将网线一端插入无线宽带路由器的Uplink接口，另一端插入宽带服务器提供的网络接口即可。

2 网络配置

①右击桌面上的“计算机”图标，在弹出的快捷菜单中单击“属性”菜单项，在打开的“系统”窗口中单击“更改设置”选项，打开“系统属性”对话框。

②在“系统属性”对话框中单击“更改”按钮，打开“计算机名/域更改”对话框。

③在“计算机名/域更改”对话框的“计算机名”文本框中输入计算机名称，在“工作组”文本框中输入工作组名称，然后单击“确定”按钮。

④在弹出的对话框中单击“确定”按钮。在弹出的提示重启计算机对话框中单击“确定”按钮，单击“立即重新启动”按钮，系统会自动重启电脑，应用设置。

⑤参考任务1.1设置网络客户端的操作，打开“Internet协议版本4（TCP/IPv4）属性”

对话框。目前，宽带路由器都有自动为局域网中的电脑分配IP地址的功能（DHCP功能），因此在该对话框中只需确保各台电脑都已选中“自动获取IP地址”和“自动获取DNS服务器地址”单选钮即可。

⑥完成以上设置后，无线局域网便组建完成，各电脑之间已能互访。

3 无线宽带路由器设置

①启动IE浏览器，在地址栏中输入无线宽带路由器的后台管理地址，如192.168.1.1（不同的无线宽带路由器可能不同，具体请参照产品说明书），按“Enter”键，在弹出的登录框中输入用户名“admin”、密码“admin”（具体参照产品说明书），单击“确定”按钮，打开路由器后台管理界面。

②在路由器管理界面左侧单击“设置向导”选项，启动路由器设置向导，然后单击“下一步”按钮。

③在打开的界面中根据实际情况选择上网方式，本例选择“PPPoE（ADSL虚拟拨号）”单选钮，单击“下一步”按钮。

④在打开的界面中输入在电信局申请得到的上网账号和密码，然后单击“下一步”按钮。

⑤在打开的界面中设置无线宽带路由器的参数，其中，SSID相当于无线网名称，用户可重新设置一下SSID，本例选择“不开启无线安全”单选钮，暂时不加密网络，其他选项保持默认，单击“下一步”按钮。

⑥在出现的界面中单击“完成”或“重启”按钮，完成设置，然后关闭IE浏览器即可。

4 无线局域网加密

①启动IE浏览器，在地址栏中输入192.168.1.1，按“Enter”键登录无线网络管理界面。

②在无线网络管理界面左侧依次单击“无线设置”→“基本设置”选项，在打开的页面中可以开启或关闭SSID广播、无线功能和WDS功能。

③选择“无线安全设置”选项，在打开的页面中可以选择无线网络的加密方式。本例选择“WPA-PSK/WPA2-PSK”单选钮，然后在“PSK密码”文本框中输入密码，其他保持默认设置。

④设置好后，单击“保存”按钮，系统将给出一个提示对话框，单击“确定”按钮重新启动路由器。重新启动以后，无线网卡就无法与无线路由器正常连接了。

⑤当为无线路由器设置了加密功能，或禁用了SSID广播功能后，电脑中的无线连接图标会变为无效。为此，还必须为网卡创建一个配置文件，将前面设置的密钥设置给无线网卡，才能利用该无线网卡登录当前无线局域网。首先，双击桌面右下角无线网卡工作状态图标，打开“无线网络连接”菜单。

⑥在“无线网络连接”菜单中选择要连接的无线网络名称，单击“连接”按钮，在“安全密钥”文本框中输入密钥后单击“确定”按钮，电脑就会连接到无线路由器，接下来就可以正常上网了。

任务总结

要求撰写实训总结时，把完成任务过程中遇到的问题与解决方法、未解决或需要进一步探讨的问题，以及任务实践过程中的收获和经验教训的内容写入实验报告并提交。

拓展阅读

中国的北斗，世界的北斗

北斗卫星导航系统是中国着眼于国家安全和经济社会发展需要，自主建设、独立运行的卫星导航系统，是为全球用户提供全天候、全天时、高精度的定位、导航和授时服务的国家重要空间基础设施。

北斗卫星导航系统分为北斗一号、北斗二号和北斗三号系统。2020年7月31日，北斗三号全球卫星导航系统建成暨开通仪式在北京举行。北斗卫星导航系统是党中央决策实施的国家重大科技工程。工程自1994年启动，2000年完成北斗一号系统建设，2012年完成北斗二号系统建设。北斗三号全球卫星导航系统全面建成并开通服务，标志着工程“三步走”发展战略取得决战决胜，我国成为世界上第三个独立拥有全球卫星导航系统的国家。

北斗卫星导航系统提供服务以来，已在交通运输、农林渔业、水文监测、气象测报、通信授时、电力调度、救灾减灾、公共安全等领域得到广泛应用，服务国家重要基础设施，产生了显著的经济效益和社会效益。基于北斗系统的导航服务已被电子商务、移动智能终端制造、位置服务等厂商采用，广泛进入中国大众消费、共享经济和民生领域，应用的新模式、新业态、新经济不断涌现，深刻改变着人们的生产生活方式。

北斗卫星导航系统的研发过程中，中国科学家和工程师克服国外技术封锁，自主创新，攻克了多项关键技术，包括原子钟技术、卫星发射技术、接收机技术等，为中国的科技创新和发展做出了重要贡献。

项目习题

一、简答题

1. 常用的网络设备有哪些？各自的用途和场景是什么？
2. 什么是路由器？
3. 路由器有哪些种类？性能怎么样？
4. 简述路由器的功能。
5. 什么是路由，路由有哪几种？各自的特点是什么？
6. 网络互联中常用的路由协议有哪些？
7. 查询匹配路由表考查哪些参数？
8. 无线网络传输介质有哪些？
9. 无线网络设备有哪些？
10. 常见的无线网络传输协议标准是什么？
11. 无线网络信道是如何划分的？
12. 无线网络安全通过什么来保证？

二、实践练习

某公司因业务整合，由3个部门合并而成，但这3个部门网络配置不一样，其中A部门用的RIP路由进行通信，B公司用的OSPF路由进行通信，C公司用静态路由进行通信，现在3个部门合并以后，要实现3个部门之间的通信，拟加入一台路由器，实现相关通信功能。

试通过所学知识和所做实验，并查阅相关资料，完成网络拓扑图绘制、IP地址规划，并用eNSP模拟完成相关配置。

项目 6

架设 Windows 网络服务器

06

学习目标

了解网络操作系统。
掌握虚拟软件VMware Workstation的安装与使用。
理解并掌握Web服务的相关知识。
理解DNS服务器的工作原理、域名结构与域名解析的过程。
理解DHCP服务器的工作原理、优缺点。
掌握架设Web、DNS、DHCP服务器方法。

思政目标

培养学生从实际情况出发选择工具软件，培养实事求是的工作态度。
提高网络安全意识，勇于承担维护网络安全的责任。
充分运用网络技术解决实际问题，为今后能够迅速适应社会需要打好基础。
培养学生举一反三的学习意识，提升职业素养。

项目情景

公司投标一个网络项目，为某企业设计安装网络。通信网络部分建设已经基本完成，接下来要进行资源平台建设，根据企业方要求，需要搭建Web、DNS、DHCP、邮件、数据库等多个应用服务器。由于工程时间紧，先搭建Web、DNS、DHCP三个应用服务器。

项目分析

现在的服务器一般都搭建在虚拟化平台下。为了工作的顺利开展，先在VMware虚拟机中搭建一遍，以免实施中出现错误的配置。

解决思路

接到项目后，对项目要求进一步分析，真正了解客户的需求，再把这些需求进行整理，由设计部开发，制定具体施工方案并实施。

在本项目中，需完成以下任务：

- 任务6.1 网络操作系统安装
- 任务6.2 Web服务器架设
- 任务6.3 DNS服务器架设
- 任务6.4 DHCP服务器架设

任务6.1 网络操作系统安装

任务书

任务	任务 6.1 网络操作系统安装	所属项目	项目 6 架设 Windows 网络服务器
任务描述	某企业通信网络部分建设已经基本完成，在资源平台建设部分，根据企业方要求，需要搭建 Web、DNS、DHCP、邮件、数据库等多个应用服务器。由于工程时间紧，徐工安排小张搭建 Web、DNS、DHCP 三种应用服务器，并介绍了三种服务器的应用原理和搭建步骤，而且提示他现在的服务器一般都搭建在虚拟化平台下。小张为了工作的顺利开展，决定自己在 VMware 虚拟机中先尝试搭建一遍，以免实施中出现错误的配置，首先进行网络操作系统的安装。		
学习产品	安装网络操作系统		
学习要求	一、预习任务 1. 网络操作系统的概念。 2. Windows 操作系统。 3. Windows Server 2022 版本。 4. Windows Server 核心基础架构包括的服务技术。 5. Windows 服务器管理器。 6. Windows 服务器角色。 7. 安装网络操作系统步骤。 二、能安装网络操作系统		

知识准备

6.1.1 网络操作系统概念

计算机网络系统中硬件和软件构成了计算机网络的基础运行平台。在系统软件中，最重要的是网络操作系统（Network Operating System，NOS）。网络操作系统与早期的单机操作系统相比，对网络系统的运行有更好的支持，在任务处理、网络服务、系统安全等方面有更高的需求。

网络操作系统

网络操作系统是一种能代替操作系统的软件程序，是网络的心脏和灵魂，是向网络计算机提供服务的特殊的操作系统。

操作系统是用户和计算机之间的接口，而网络操作系统则是网络用户和计算机网络之间的一个接口，它除了应该具备一般操作系统所应具备的基本功能，还应具备网络连接功能，支持网络体系结构和各种网络通信协议，以及支持安全可靠的数据传输和网络管理等功能。

典型网络操作系统的特征有以下几点。

①硬件独立性。

②多用户支持。

③支持网络实用程序及其管理功能。

④可操作性。

⑤提供目录服务。

⑥支持多种应用服务。

6.1.2 网络操作系统的分类

常见的网络操作系统分类方法有以下两种：一种是依据开发公司或组织推出的产品名称，如Windows、Netware、Unix、Linux；另一种是依据操作系统所支持的网络工作模式，如客户机/服务器式、对等式，其中Netware、Windows Server是客户机/服务器式操作系统的典型代表。在常用的操作系统中，Windows系统提供的工作组（Workgroup）模式是对等式的典型代表。

按操作系统所支持的网络工作模式分类如下。

（1）客户机/服务器式

客户机/服务器（Client/Server）式又称主从式架构，基本的架构为：客户端（Client）用户将所需的数据通过网络联系服务端，服务器（Server）收到消息后，搜索数据库内符合的数据，再通过网络回应给客户端，所有的需求都须经过网络，所以网络在主从式架构中扮演着极其重要的角色。

（2）对等式（点对点技术）

点对点技术（Peer to Peer）又称非中心式网络，每台电脑同时是客户端也是服务器，拥有平等的地位，此技术最大的特性就是资源共享。一般来说，在网络上同一个文件越多人下载就越难下载成功，因为服务端的流量是固定的，导致供不应求，但是P2P通过访问电脑上的带宽，在下载文件的同时利用未使用的上传带宽分享文件，越多人下载则速度越快。

6.1.3 服务器角色管理

服务器在客户机/服务器式的网络中处于支配地位，大部分的应用服务都是由服务器提供的。

网络中有各种类型的服务器在提供服务，如Web服务器、DNS服务器、DHCP服务器、数据库服务器、认证服务器等。

Windows Server通过服务器管理器为这些应用服务提供了统一的管理平台，这些服务成为平台上不同的服务器角色（图6-1-1、图6-1-2）。

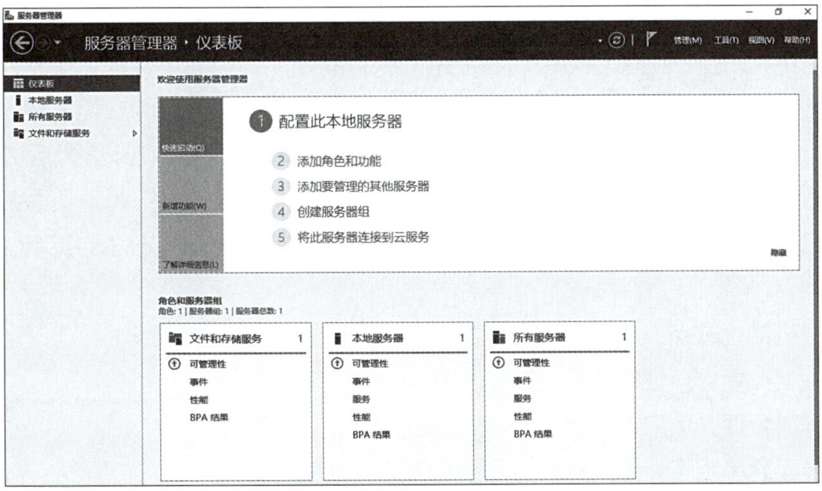

图 6-1-1　服务器管理器

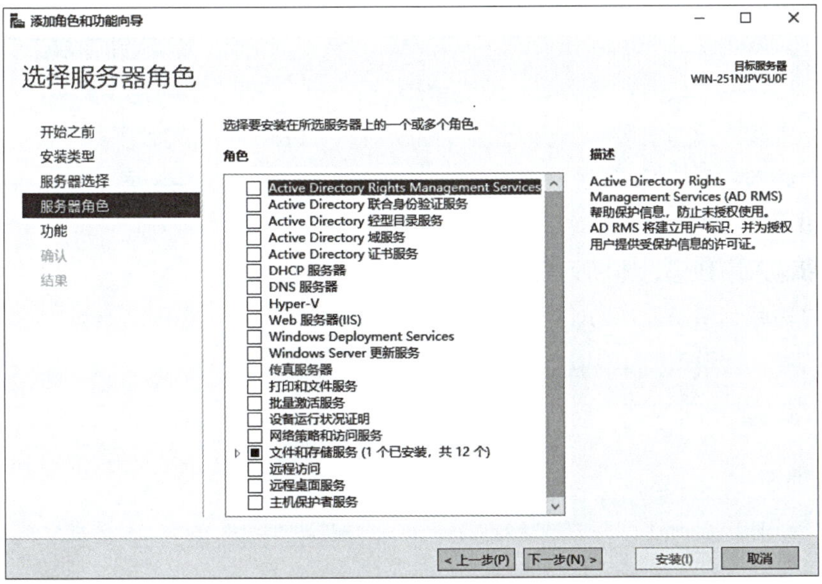

图 6-1-2　服务器角色

6.1.4　虚拟机VMware Workstation

在本任务的学习中，我们需要安装Windows Server 2022，并在该操作系统上搭建网络服务应用，为了节省资源和降低维护成本，我们采用虚拟机技术。

虚拟机安装

（1）虚拟机简介

虚拟机（Virtual Machine）指通过软件模拟的具有完整硬件系统功能的、运行在一个完全隔离环境中的完整计算机系统。

目前流行的虚拟机软件有VMware和Virtual PC等，本任务采用的虚拟机软件是VMware Workstation（中文名“威睿工作站”），它是一款功能强大的桌面虚拟计算机软件，用户可在单一的桌面上同时运行不同的操作系统，是进行开发、测试、部署新的应用程序的最佳解决方案。VMware Workstation可在一台实体机器上模拟完整的网络环境，其灵活性与先进的技术胜过了市面上其他的虚拟计算机软件。对于企业的IT开发人员和系统管理员而言，VMware Workstation在虚拟网络、实时快照、拖曳共享文件夹、支持PXE等方面的特点使它成为必不可少的工具。

（2）虚拟机的优缺点

①计算机虚拟能力，性能与物理机隔离效果非常优秀。

②功能非常全面，倾向于计算机专业人员使用。

③操作界面简单明了，适合各种计算机领域的用户。

④体积庞大，安装耗时。

⑤使用时占用物理机资源较大。

（3）VMware Workstation的安装

通过http：//www.vmware.com/cn下载VMware Workstation软件，双击安装包开始安装，安装过程和一般的软件安装类似，只需单击“下一步”即可顺利完成安装。

①选择typical（典型安装），可以使用VMware Workstation的大多数功能。

②单击“更改…”可以设置虚拟机安装的位置，一般VMWare要安装在系统盘上（图6-1-3）。

③当提示输入序列号，将序列号输入即可（图6-1-4）。

④安装成功后，单击快捷方式启动VMware Workstation（图6-1-5）。

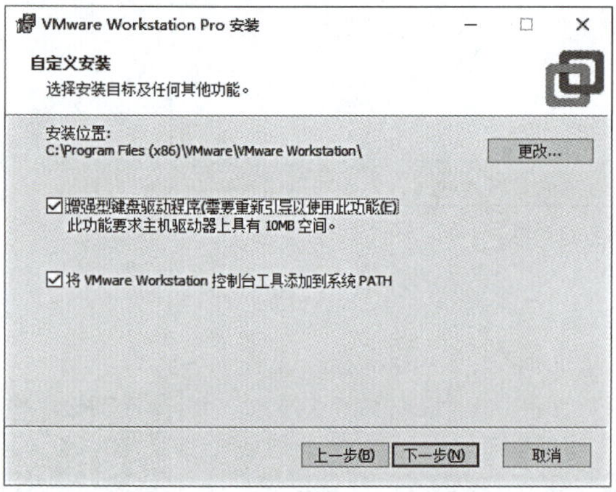

图6-1-3 选择安装目标文件夹

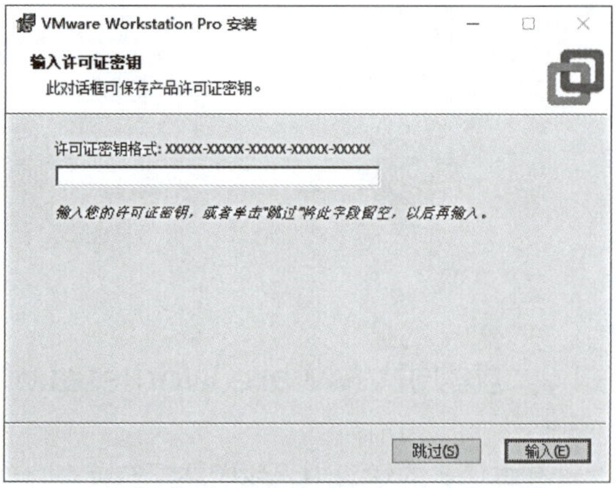

图6-1-4 输入许可证密钥

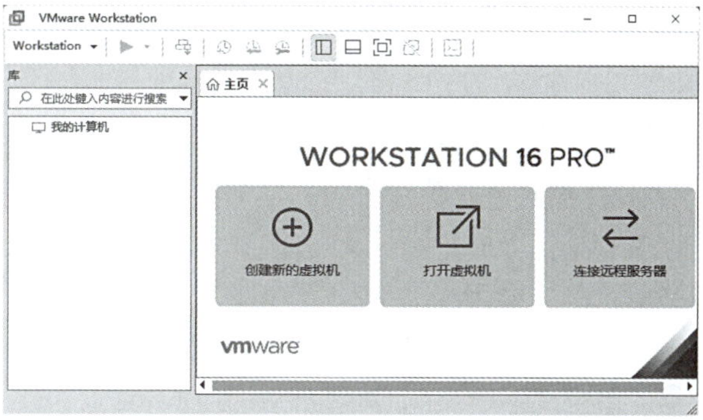

图 6-1-5 VMware Workstation 启动界面

（4）安装虚拟机实例

①运行VMware Workstation，单击“创建新的虚拟机”，打开新建虚拟机向导，选择“自定义”类型配置，单击“下一步”（图6-1-6）。

②选择虚拟机硬件兼容性，单击“下一步”。

③操作系统可以使用安装光盘通过物理光驱来安装，也可以使用“安装盘镜像文件”通过虚拟光驱来安装，VMware Workstation自带虚拟光驱功能，不需要额外安装虚拟光驱软件。可以选择“稍后安装操作系统”，单击“下一步”；这里使用光盘镜像文件，请选择“安装程序光盘映像文件”，并定位到下载好的Windows Server 2022镜像文件，如图6-1-7所示。

④选择客户机操作系统，注意不要选错了。如果版本选项里没有Windows Server 2022，选择Windows Server 2019亦可安装，单击“下一步”（图6-1-8）。

⑤如图6-1-9所示，输入虚拟机的名称和保存位置，这里输入的名称要有意义并便于记忆，位置一般更改为非系统盘，单击“下一步”。

⑥固件类型：这里选择“UEFI”，然后单击“下一步”。

⑦处理器配置：根据自己物理机的处理器数量来进行选择，然后单击“下一步”。

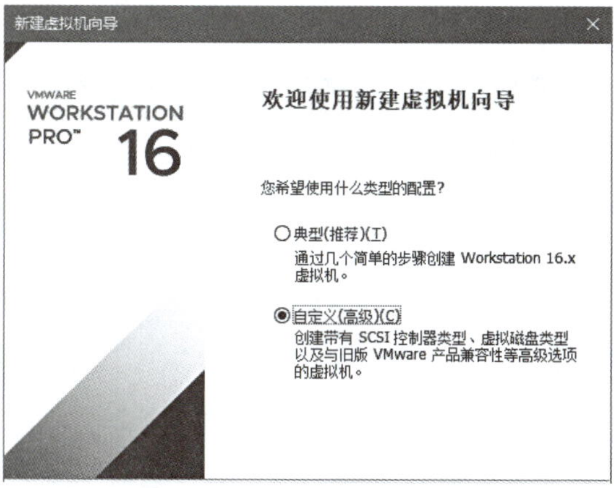

图 6-1-6 新建虚拟机向导

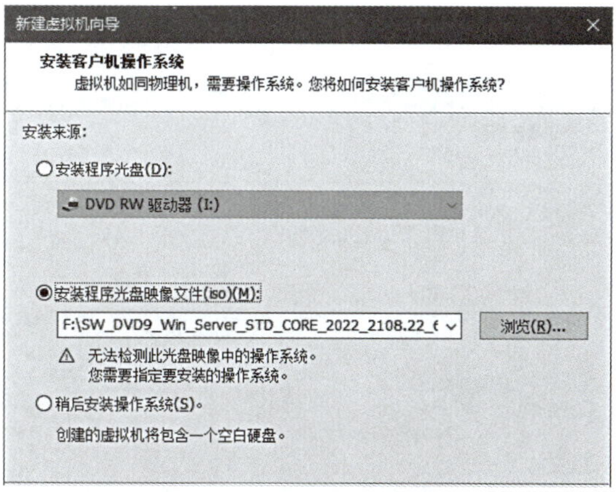

图 6-1-7 安装客户机操作系统

⑧此虚拟机的内存：这里根据自己物理机的内存来进行选择配置，然后单击“下一步”。

⑨网络类型：这里选择使用桥接网络（R），然后单击“下一步”。

⑩选择I/O控制器类型：保持默认，然后单击“下一步”。

⑪选择磁盘类型：保持默认，然后单击“下一步”。

⑫选择磁盘：保持默认，然后单击“下一步”。

⑬指定磁盘容量：把最大磁盘大小更改为60GB，如果物理磁盘足够大，可以多设些，将虚拟磁盘存储为单个文件。单击“下一步”，如图6-1-10所示。

⑭指定磁盘文件：保持默认，然后单击“下一步”。

⑮已准备好创建虚拟机：如图6-1-11所示，确认虚拟机的配置，完成创建虚拟机。

⑯如果要更改虚拟机的硬件配置，单击“自定义硬件”，弹出对话框设置。

虚拟机实例安装完毕，最好安装VMware TOOLS，单击菜单虚拟机→安装VMware Tools（T），如图6-1-12所示，这会显著增加虚拟系统的性能。可以实现鼠标指针在虚拟机和物理机之间“自由切换”、文件互传等。

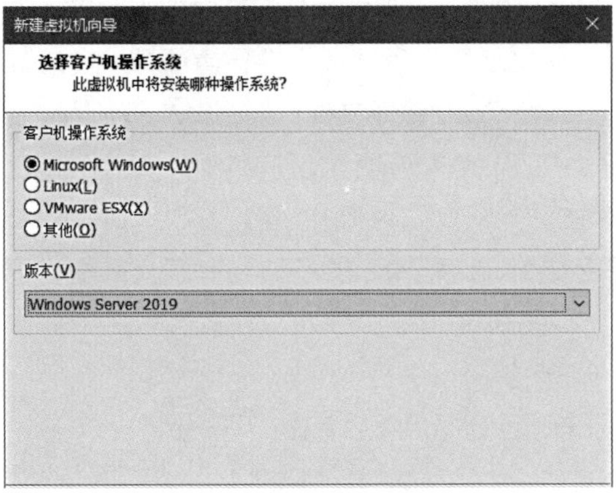

图6-1-8　选择客户机操作系统

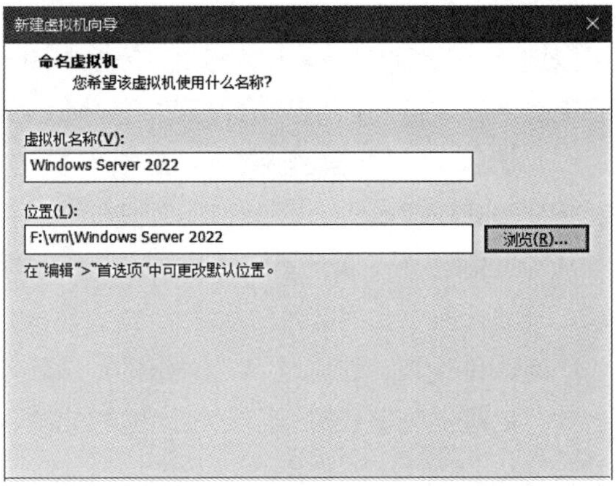

图6-1-9　命名虚拟机与设置位置

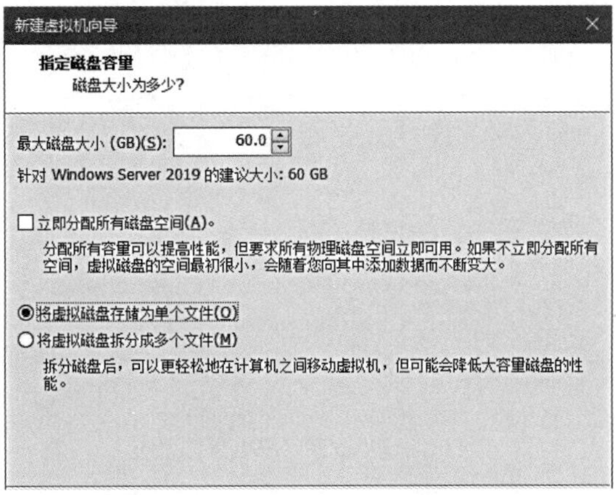

图6-1-10　指定虚拟机的虚拟磁盘容量

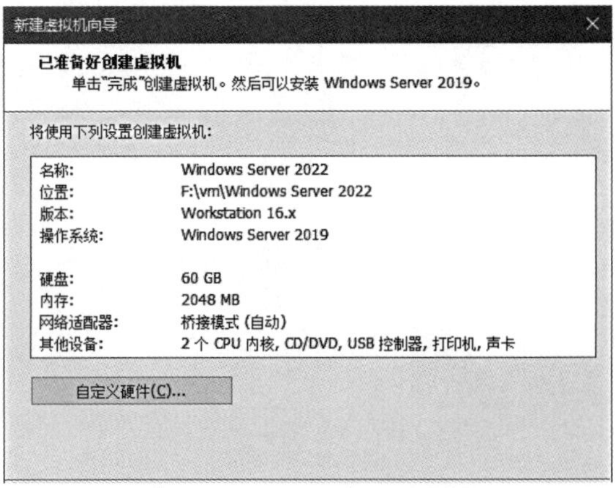

图6-1-11　确认虚拟机配置

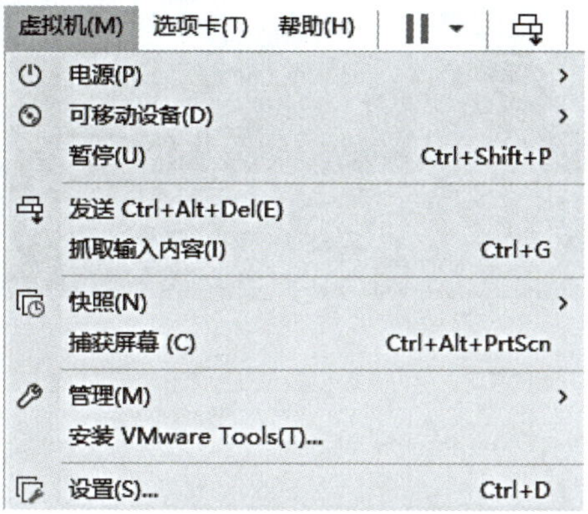

图 6-1-12　安装 VMware Tools

任务实施

任务6.1　网络操作系统安装

任务描述

安装VMWare Workstation后，在虚拟机中安装调试Windows Server 2022 操作系统。

任务准备

根据学生实践环境，预先准备好计算机（装有Windows 7/10操作系统和网卡，已联网）。

任务指导

VMWare Workstation是当前常用的虚拟软件之一，以Windows Server 2022 系统为例进行网络操作系统安装。

参考步骤：参照6.1.4虚拟机VMWare Workstation中的步骤。

任务总结

要求撰写实训总结时，把完成任务过程中遇到的问题与解决方法、未解决或需要进一步探讨的问题，以及任务实践过程中的收获和经验教训的内容写入实验报告并提交。

任务6.2 Web 服务器架设

任务书

任务	任务 6.2 Web 服务器架设	所属项目	项目 6 架设 Windows 网络服务器
任务描述	某企业通信网络部分建设已经基本完成，在资源平台建设部分，根据企业方要求，需要搭建 Web、DNS、DHCP、邮件、数据库等多个应用服务器。由于工程时间紧，徐工安排小张搭建 Web、DNS、DHCP 三种应用服务器，并介绍了三种服务器的应用原理和搭建步骤，而且提示他现在的服务器一般都搭建在虚拟化平台下。小张为了工作的顺利开展，决定自己在 VMware 虚拟机中先尝试搭建一遍，以免实施中出现错误的配置。本次任务进行 Web 服务器的架设。		
学习产品	能架设 Web 服务器		
学习要求	一、预习任务 1. 浏览器获取 Web 服务器文档过程。 2. URL 格式。 3. 区分动静态网页。 4. 架设 Web 服务器步骤。 二、能架设 Web 服务器		

知识准备

6.2.1 Web服务概述

（1）Web服务

Web服务也经常被称为WWW服务或HTTP服务，可以说是Internet上最重要的服务，也是一般用户最熟悉的服务。通常我们说的上网，指的就是在客户机上通过浏览器界面访问Web网站。

Web服务基于浏览器/服务器模式（B/S模式），其中客户机是浏览器，服务器就是Web服务器。浏览器获取Web服务器文档过程如图6-2-1所示。

浏览器的主要功能就是在获得HTML文档后能进行正确的解析，将网页的内容遵照规定的格式正确显示出来。

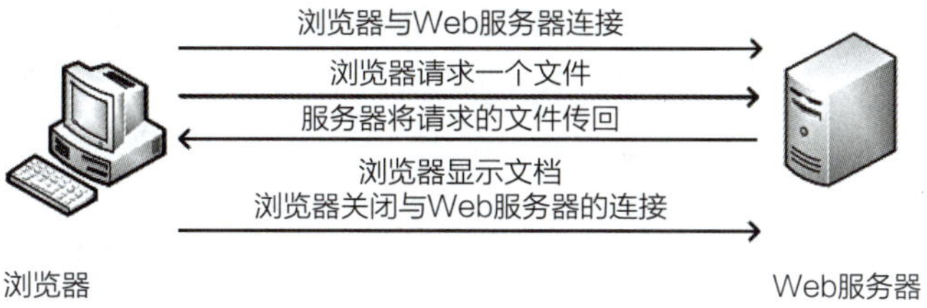

图 6-2-1　浏览器获取 Web 服务器文档过程

常用的浏览器有Microsoft Edge浏览器，IE（Internet Explorer）浏览器，Firefox火狐浏览器，Chrome浏览器和Safari浏览器等。

（2）统一资源定位URL

在万维网WWW上，每一信息资源都有唯一的网络地址，该地址就叫统一资源定位器（Uniform Resource Locator，URL），它是WWW的统一资源定位标志，指的就是网络地址。浏览器通过URL地址向特定的Web服务器发出请求并获取信息。

URL由三部分组成：资源类型、存放资源的主机域名、资源文件名，也可认为由4部分组成：协议、主机、端口、路径。

URL的一般语法格式为：protocol://hostname[:port]/path/[:parameters][?query]#fragment，其中带方括号的为可选项。下面分别介绍各部分的含义。

protocol（协议）：常见的有http，格式HTTP://；https，格式HTTPS://。

hostname（主机名）：是指存放资源的服务器的域名系统（DNS）主机名或IP地址。

port（端口号）：整数，可选，省略时使用方案的默认端口，各种传输协议都有默认的端口号，如http的默认端口为80。

path（路径）：由零或多个“/”符号隔开的字符串，一般用来表示主机上的一个目录或文件地址。

parameters（参数）：这是用于指定特殊参数的可选项，有服务器端程序自行解释。

query（查询）：可选，用于给动态网页（如使用CGI、ISAPI、PHP/JSP/ASP/ASP.NET等技术制作的网页）传递参数，可有多个参数，用“&”符号隔开，每个参数的名和值用“=”符号隔开。

fragment（信息片段）：字符串，用于指定网络资源中的片段。

（3）超文本标记语言HTML

一种用来定义信息表现方式的格式，它告诉WWW浏览器如何显示文字和图形图像等各种信息以及如何进行链接等。

6.2.2　动静态网页技术

早期，Web服务器上的网页都是静态的。随着网上业务的发展，单纯静态HTML页面已经远不能满足需求，例如访问数据库和用户进行互动等，静态HTML是无能为力的，必须对它进行扩充，采用动态网站技术。

动态网站技术可以根据需要动态改变浏览器显示的HTML页面内容，依据发生动态改变的位置，可以将动态技术分为客户端和服务器端两类。

客户端的动态技术：即浏览器端的动态技术，是指不依赖Web服务器，就可以直接在浏览器端发生动态改变，并且动态改变的内容与服务器端无关。

服务器端的动态技术：是指在服务器端发生的动态改变，改变后的结果仍然以HTML形式发回浏览器。常见的如Web数据库查询、用户注册登录等都要用到服务器端的动态技术。

6.2.3 文件传输服务

文件传输服务（FTP）用于实现计算机之间的文件传输。

（1）主要作用

①查看远程计算机有哪些文件。

②把文件从远程计算机下载到本地计算机。

③把本地计算机的文件上传到远程计算机。

（2）FTP的工作过程

FTP服务一般默认使用的是TCP端口21和20。在进行通信时，客户端需要与服务器建立两个TCP连接：一个与服务器的端口21建立连接，用于发送和接收控制信息；另一个与服务器的端口20建立连接，用于数据传输。

（3）FTP的传输模式

FTP传输有两种模式：ASCⅡ传输模式和二进制数据传输模式。

任务实施

架设 Web 服务器

任务6.2 Web服务器架设

任务描述

在VMware Workstation软件下创建的Windows Server 2022虚拟机中安装系统自带的IIS10，通过分别设置“默认网站”和“虚拟目录”来部署简易网站、测试网站。

任务准备

根据学生实践环境，预先准备好计算机（装有Windows 7/10操作系统、VMware软件、创建好Windows Server 2022虚拟机）。

任务指导

1 安装“Web 服务器（IIS）”角色

①选择“开始”→“服务器管理器”命令，单击“2添加角色和功能”，打开“添加角色和功能向导”。依次在“开始之前”“安装类型”“服务器选择”步骤保持默认选项，单击“下一步”。

②在“服务器角色”步骤勾选“Web服务器（IIS）”，如果弹出“添加角色和功能向导”对话框，点“添加功能”；在“功能”步骤，除默认选项外，勾选“.NET Framework3.5功能”。如图6-2-2所示，选好后单击“下一步”。

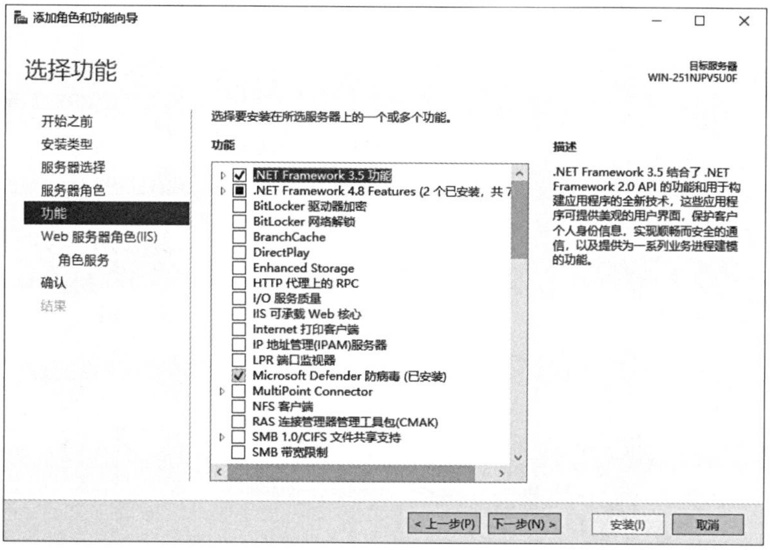

图 6-2-2　选择功能

③在“Web服务器角色（IIS）”“角色服务”步骤，保持默认选项，单击“下一步”；在“确认”步骤保持默认选项，单击“安装”。

④在“结果”步骤，功能安装完成后，点“关闭”，完成Web服务器角色（IIS）的安装，如图6-2-3所示。

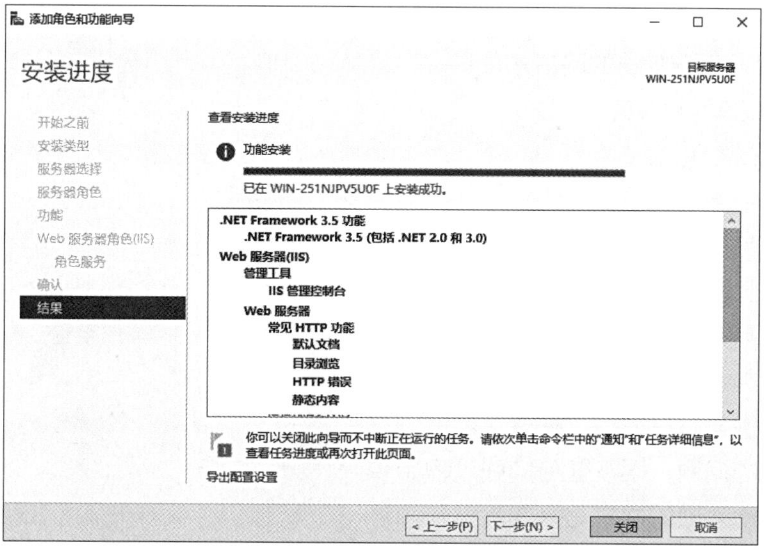

图 6-2-3　选择服务器角色

2 建立个人网站

①在C盘C:\inetpub目录新建文件夹WEB，然后在该文件夹中制作一个网页文件index.html。

②选择“开始”→“Windows管理工具”→“管理工具”→“Internet Information Services（IIS）管理器”。

③左侧目录展开后，右键单击网站“Default Web Site”→“管理网站”→“停止”，把系统自带的网站停止（图6-2-4）。

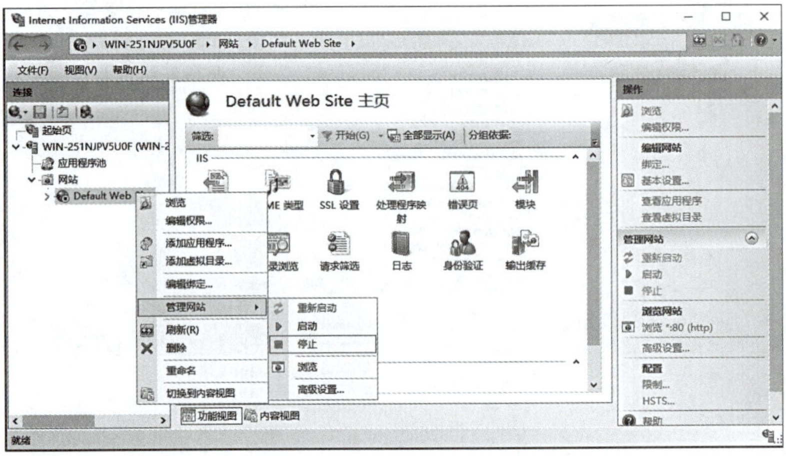

图6-2-4 停止默认主页

④右键单击“网站”→“添加网站”，在弹出的添加网站窗口中，写上网站的名称，选择网站的物理路径C:\inetpub\Web，如图6-2-5所示，然后单击“确定”。前面已经把系统默认的网站停止了，此网站不会跟原有网站冲突。

⑤然后右键单击“管理网站”→“浏览”。

⑥网页顺利打开，设置添加新网站完成，Web服务器正常运行。

任务总结

要求撰写实训总结时，把完成任务过程中遇到的问题与解决方法、未解决或需要进一步探讨的问题，以及任务实践过程中的收获和经验教训的内容写入实验报告并提交。

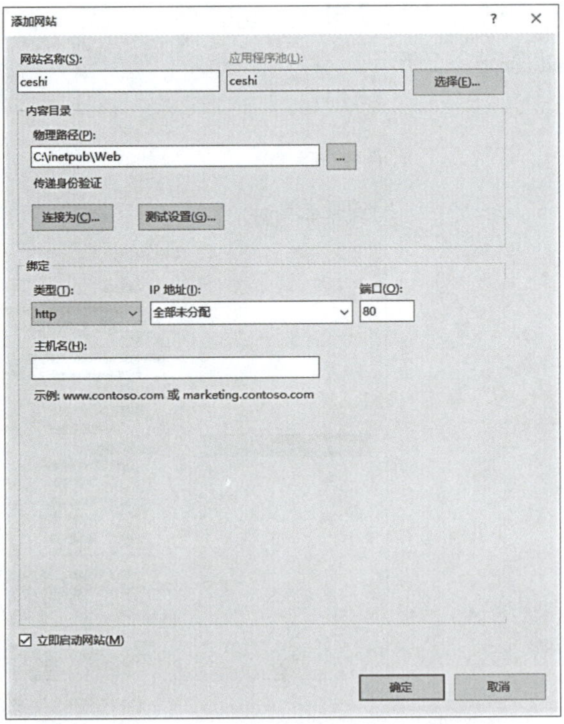

图6-2-5 添加网站

任务6.3
DNS 服务器架设

任务书

任务	任务 6.3 DNS 服务器架设	所属项目	项目 6 架设 Windows 网络服务器
任务描述	某企业通信网络部分建设已经基本完成，在资源平台建设部分，根据企业方要求，需要搭建 Web、DNS、DHCP、邮件、数据库等多个应用服务器。由于工程时间紧，徐工安排小张搭建 Web、DNS、DHCP 三种应用服务器，并介绍了三种服务器的应用原理和搭建步骤，而且提示他现在的服务器一般都搭建在虚拟化平台下。小张为了工作的顺利开展，决定自己在 VMware 虚拟机中先尝试搭建一遍，以免实施中出现错误的配置。本次任务进行 DNS 服务器的架设。		
学习产品	能架设 DNS 服务器		
学习要求	一、预习任务 1.DNS 的相关概念。 2. 正向名称查询、反向名称查询。 3. 整个 DNS 结构设计。 4.DNS 服务器查询的工作原理，两种查询模式。 二、能安装 DNS 服务器		

知识准备

DNS 服务器

6.3.1 DNS服务器

在浏览器的网址栏中输入“www.baidu.com”，便能连接到百度的Web站点。前面学过，IP数据包是以IP地址来识别目的地的，为何输入这些名称后，对方一样可以连接到网站呢?

（1）DNS服务器简述

能利用易懂易记的名称来和对方沟通，是因为有域名系统（Domain Name System，DNS）的存在，通过DNS，可以由一台主机的完整域名（Fully Qualified Domain Name，FQDN）查到其IP地址，也可以由其IP地址查到主机的完整域名。安装了DNS服务的计算机就是DNS服务器，可将你要访问的网站域名“翻译”成IP地址，使你输入域名后就能够访问对应的网址。

“完整域名”（FQDN）由“主机名”+“域名”+“.”所组成，以“www.sina.com.cn”为例。

www：这台Web服务器的主机名称。

sina.com.cn：这台Web服务器所在的域名。

DNS服务是有层次结构的，DNS查询可以分为递归查询和迭代查询。递归查询是指DNS客户端直接要求得到完整的解析结果（如家庭用户上网）；迭代查询是指DNS客户端只能得到下一个DNS服务器的地址。不管是哪种查询方式，都会得到最终的域名到IP地址的解析结果，除非这个域名没有被注册。同IP地址一样，域名也是有层次的，分析上面的域名，“.com”是顶级域名，“.sina”是在“.com”下注册的公司域名，一般顶级域名对应了根域名服务器。全球共有13台根域名服务器。这13台根域名服务器中名字分别为“A”到“M”，其中10台放置在美国，另外各有一台放置在英国、瑞典和日本。DNS服务器将域名和IP地址一一对应起来，让用户在访问各种服务器时不需要记住其IP地址，而使用简单易记的域名就可以了。

（2）DNS名称解析

DNS系统由DNS服务器（DNS Server）和DNS客户端（DNS Client）所组成。当用户输入一个FQDN后，DNS客户端会向DNS服务器请求查询此FQDN的IP地址，而服务器则会去对照其存储的数据，并将IP地址回复给客户端。

客户端要求服务器由FQDN查出IP地址的操作称为正向名称查询（forward name query），一般就直接说名称查询，而服务器查出IP地址并返回给客户端的操作就称作正向名称解析（forward name resolution），一般又简称为名称解析。

若是请求由IP地址查询FQDN，则称为反向名称查询（reverse name query），简称反向查询，而服务器所对应的操作自然也就称为反向解析。

6.3.2 DNS的结构

6.3.2.1 域名结构和主机域名

（1）使用国家代码顶级域名（ccTLD）

整个DNS系统由许多的域（Domain）所组成，采用层次化的分布式名字系统，构成一个树状结构。整个树状结构称为域名空间，其中的节点称为域。域还可以划分为子域，子域还可以继续划分为子域，这样就形成了层次化的域名结构。

整个DNS结构设计成4层，分别是根域（Root Domain）、顶层域（Top Level

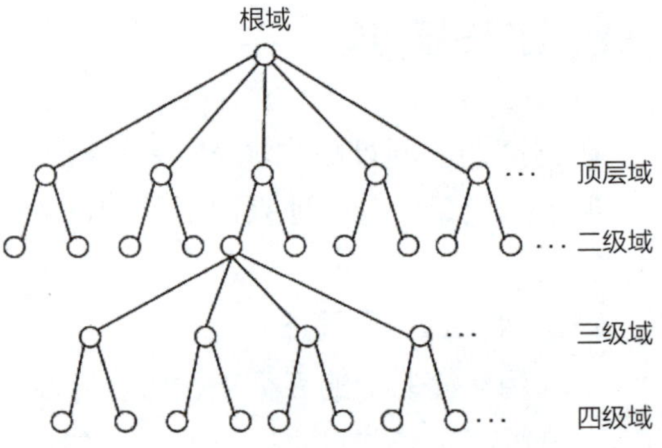

图6-3-1 标准的DNS域名结构

Domain）、第二层域（Second Level Domain）和主机（Host）；或者由上向下分为根域、顶层域、二级域、三级域、四级域（图6-3-1）。主机域名的排列原则和域名结构相反，是将低层域名排在前面，而将它们所属的高层域名紧跟在后面，主机域名格式为：

四级域名.三级域名.二级域名.顶级域名

如www.sina.com.cn（图6-3-2）。

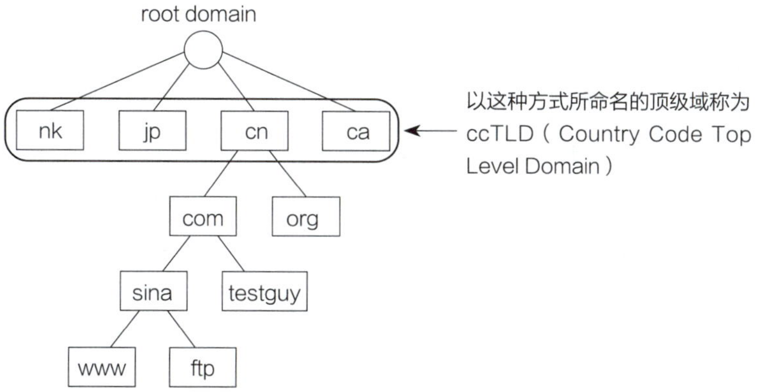

图6-3-2　国家代码顶级域名（ccTLD）

（2）使用通用顶级域名（gTLD）

在美国，虽然它也有“us”这个国码可用，却较少用作顶层域，反而是以“组织性质”来区分，例如：“com”代表商业组织，“org”代表各类组织机构（包括非营利团体），“edu”代表教育机构等，如图6-3-3所示。

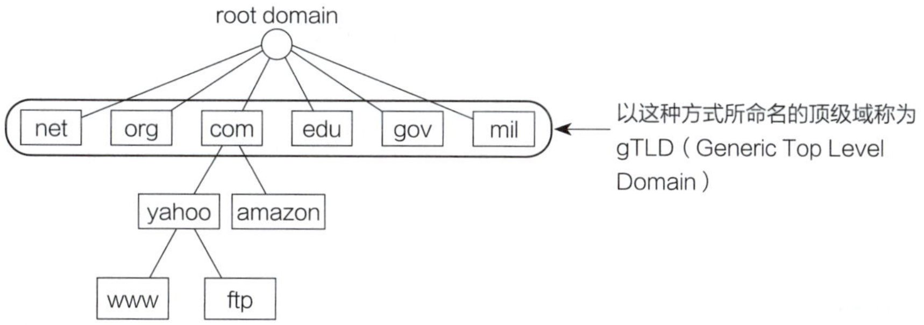

图6-3-3　通用顶级域名（gTLD）

6.3.2.2　我国的域名结构

我国的一级域名是“cn”，二级域名又分为类别域名和行政区域名两类。

（1）类别域名

.ac：用于科研机构

.com：用于工商金融企业

.edu：用于教育机构

.gov：用于政府部门

.net：用于互联网络信息中心和运行中心　　.org：用于各类组织机构（包括非营利团体）

（2）行政区域名

有34个，分别对应于我国各省、自治区、直辖市和特别行政区。

三级域名用字母（A~Z，a~z，大小写等）、数字（0~9）和连接符（-）组成，各级域名之间用点号（.）连接，三级域名的长度不能超过20个字符。

6.3.3 查询的工作原理

域名解析过程如下。

第一步：客户机提出域名解析请求，并将该请求发送给本地的域名服务器。

第二步：当本地的域名服务器接收到请求后，先查询本地的缓存，如果有该记录项，则本地的域名服务器就直接把查询的结果返回。

第三步：如果本地的缓存中没有该记录，则本地域名服务器就直接把请求发给根域名服务器，然后根域名服务器再返回给本地域名服务器一个所查询域（根的子域）的主域名服务器的地址。

第四步：本地服务器再向上一步返回的域名服务器发送请求，然后接收请求的服务器查询自己的缓存，如果没有该记录，则返回相关的下级的域名服务器的地址。

第五步：重复第四步，直到找到正确的记录。

第六步：本地域名服务器把返回的结果保存到缓存，以备下一次使用，同时还将结果返回给客户机（图6-3-4）。

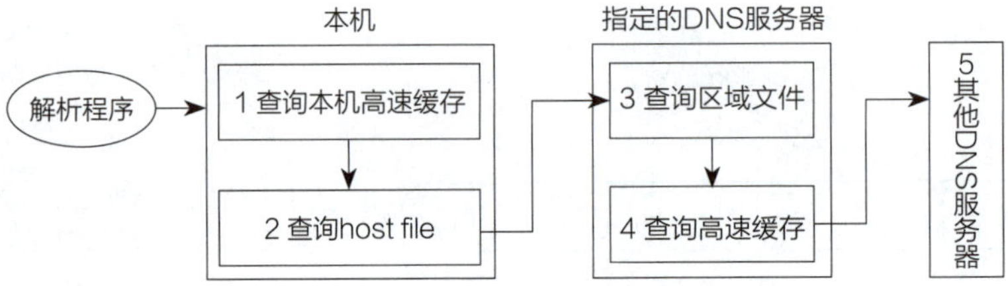

图 6-3-4　解析程序的查询过程

任务实施

任务6.3　DNS服务器架设

任务描述

在Windows Server 2022系统下，安装DNS服务器，为前次任务搭建好的Web服务器提供域名服务，在客户机浏览器上通过域名访问Web服务器。

任务准备

根据学生实践环境，预先准备好计算机（装有Windows 7/10操作系统、VMware Workstation软件、Windows Server 2022虚拟机）。

任务指导

1 安装 DNS 服务

①选择“开始”→“服务器管理器”命令，单击“2添加角色和功能”，打开“添加角色和功能向导”。依次在“开始之前”“安装类型”“服务器选择”步骤保持默认选项，单击“下一步”。

②在“服务器角色”步骤，勾选“DNS服务器”，弹出“添加角色和功能向导”对话框，如图6-3-5所示，单击“添加功能”（如果当前设备没有设置静态IP，会弹出提示框，设置静态IP如192.168.2.100即可）；在“服务器角色”步骤界面勾选“DNS服务器”，如图6-3-6所示，单击“下一步”。

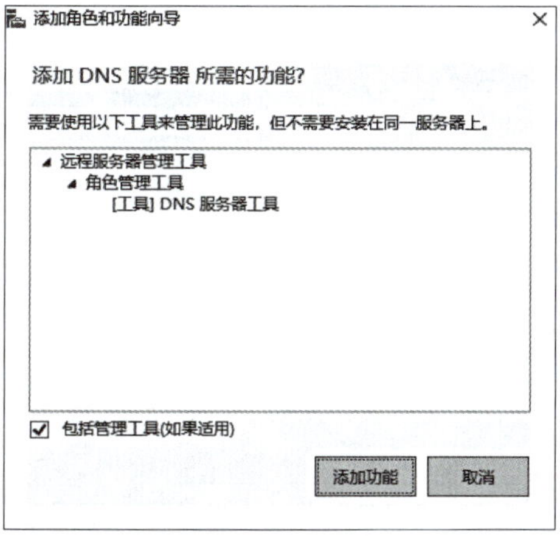

图 6-3-5　添加 DNS 服务器所需功能对话框

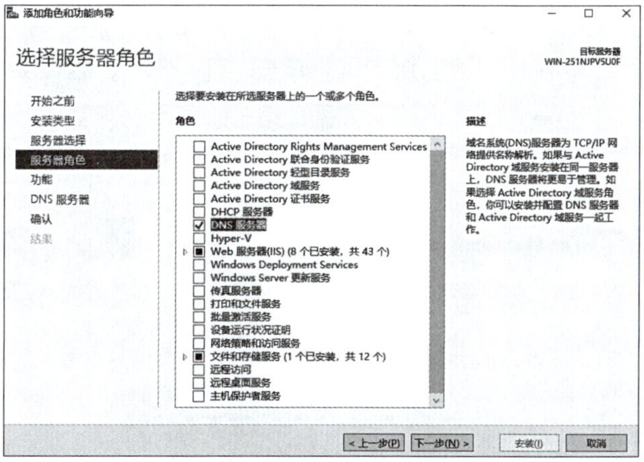

图 6-3-6　勾选 DNS 服务器

③接下来，依次单击“下一步”，直到完成DNS服务的安装完成。如图6-3-7所示，单击关闭。

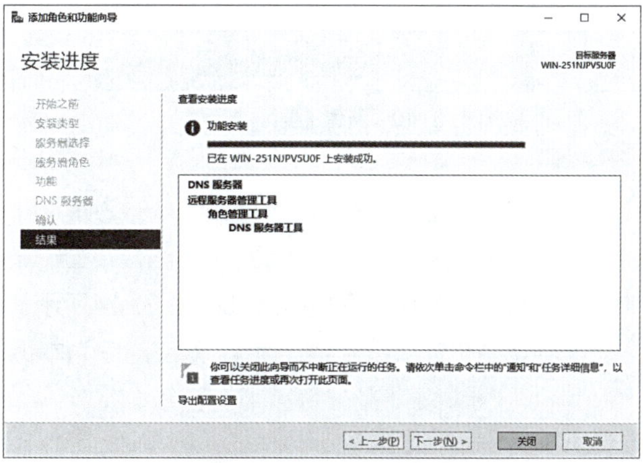

图 6-3-7　安装完毕

2 配置 DNS 服务

①选择“开始”→“Windows管理工具”→“DNS”，打开DNS管理器，如图6-3-8所示。

②为了使DNS服务器能够将域名解析成IP地址，必须首先在DNS区域中添加正向查找区域。右击“正向查找区域”选择“新建区域”，如图6-3-9所示。

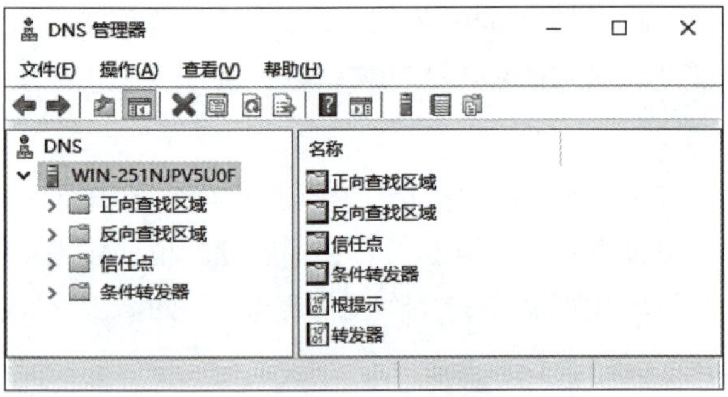

图 6-3-8 DNS 管理器

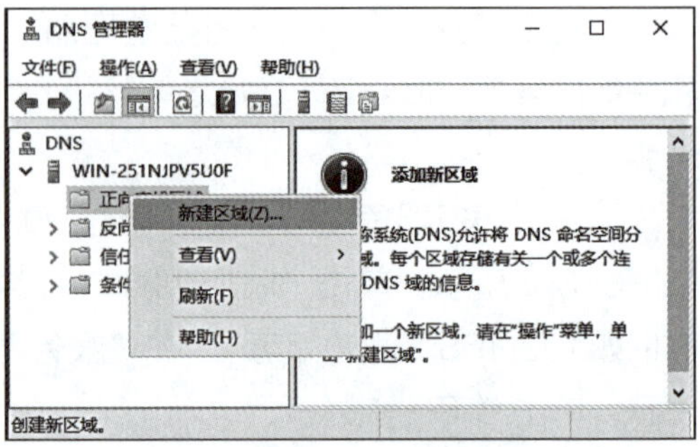

图 6-3-9 新建区域命令

③使用新建区域向导，单击“下一步”，区域类型选择主要区域，如图6-3-10所示。

④输入区域名称，如图6-3-11所示。

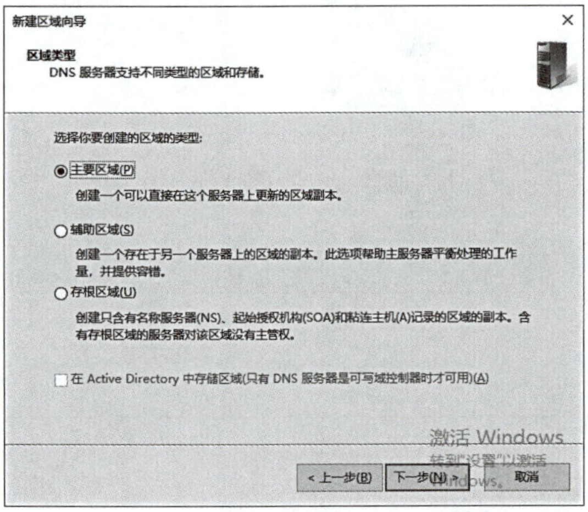

图 6-3-10 新建主要区域

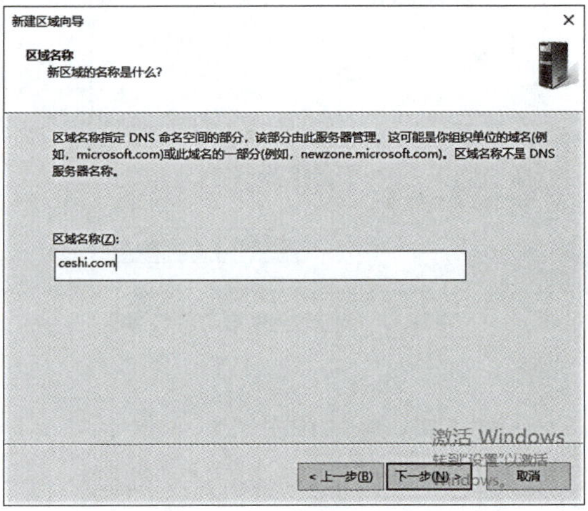

图 6-3-11 新建区域名称

⑤区域文件选择“默认”，如图6-3-12所示。

⑥这里选择默认“不允许动态更新”，如图6-3-13所示。

⑦完成后，新建的区域效果如图6-3-14所示。

⑧新建主机www.ceshi.com，对应的IP为本机IP地址，如图6-3-15、图6-3-16所示。

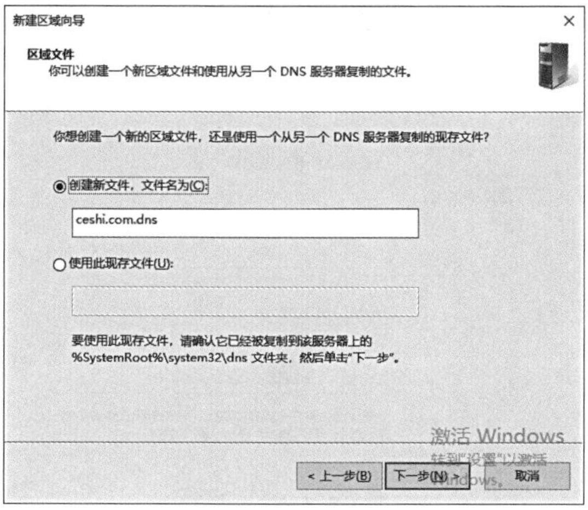

图 6-3-12　区域文件

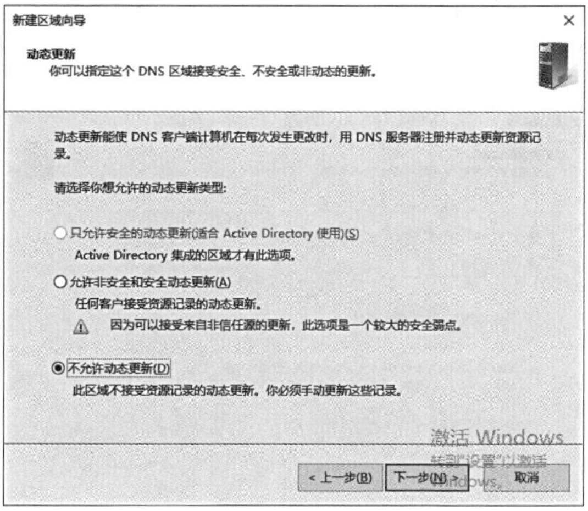

图 6-3-13　动态更新选项

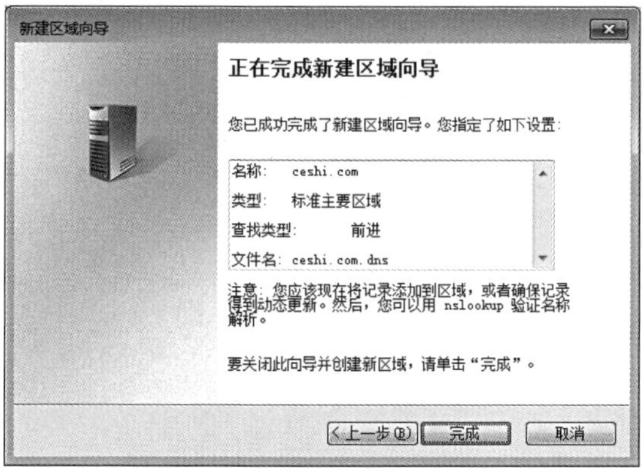

图 6-3-14　新建区域效果

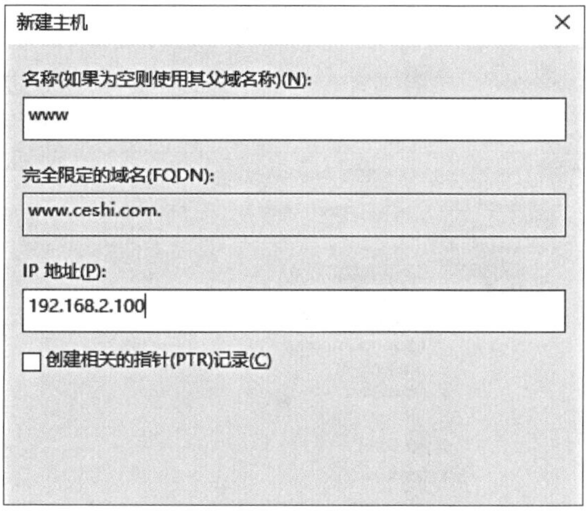

图 6-3-15　新建主机参数

图 6-3-16　新建主机效果

⑨参考以上步骤，配置反向查找区域。关键参数设置如图6-3-17～图6-3-21所示。

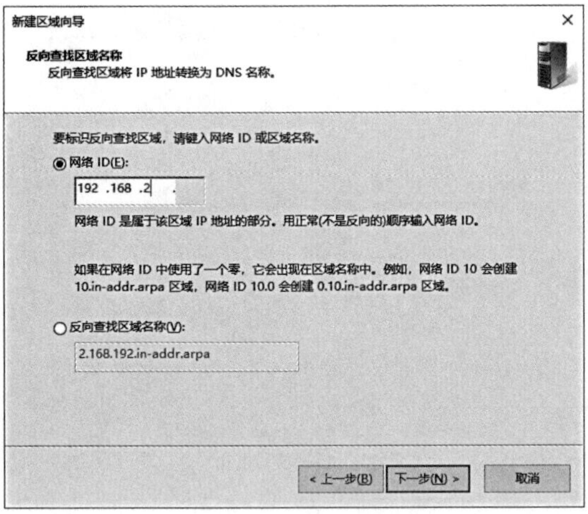

图 6-3-17　反向查找区域名称

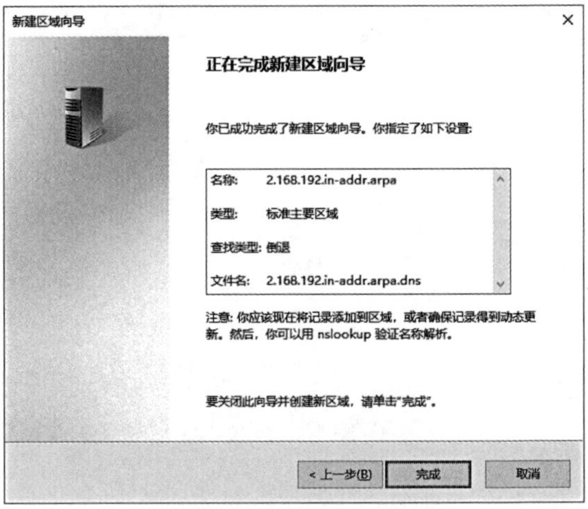

图 6-3-18　完成反向新建区域

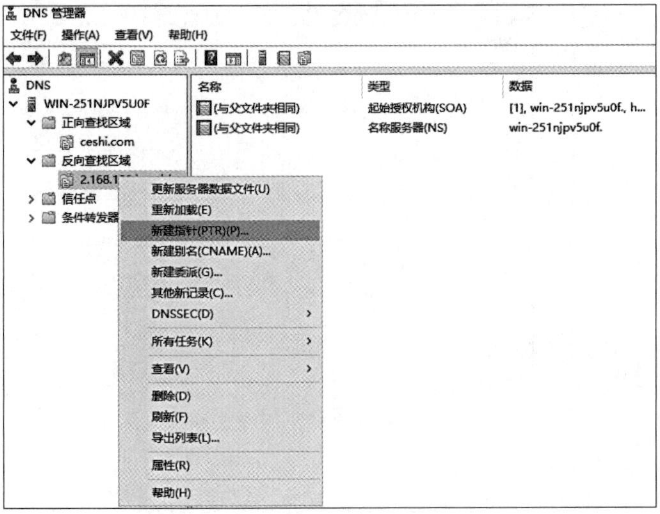

图 6-3-19　新建指针命令

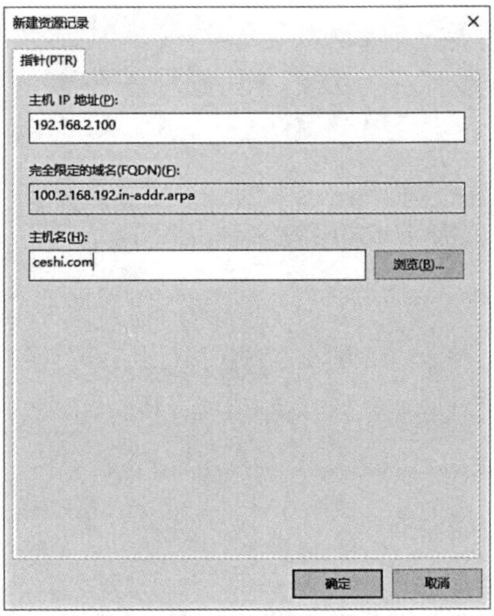

图 6-3-20　新建资源记录

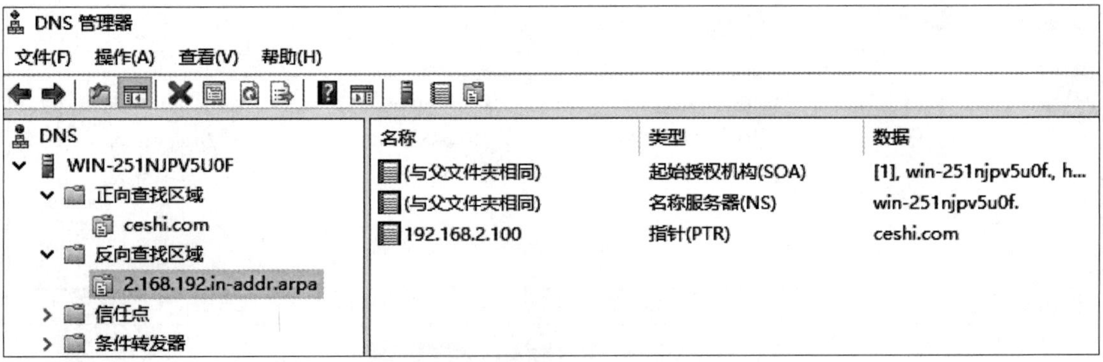

图 6-3-21　反向查找区域设置后效果

⑩完成后，打开命令提示符，输入“nslookup”，进行DNS解析测试，如图6-3-22所示。

图 6-3-22　DNS 测试结果

任务总结

要求撰写实训总结时，把完成任务过程中遇到的问题与解决方法、未解决或需要进一步探讨的问题，以及任务实践过程中的收获和经验教训的内容写入实验报告并提交。

任务6.4
DHCP 服务器架设

任务书

任务	任务 6.4 DHCP 服务器架设	所属项目	项目 6 架设 Windows 网络服务器
任务描述	某企业通信网络部分建设已经基本完成，在资源平台建设部分，根据企业方要求，需要搭建 Web、DNS、DHCP、邮件、数据库等多个应用服务器。由于工程时间紧，徐工安排小张搭建 Web、DNS、DHCP 三种应用服务器，并介绍了三种服务器的应用原理和搭建步骤，而且提示他现在的服务器一般都搭建在虚拟化平台下。小张为了工作的顺利开展，决定自己在 VMware 虚拟机中先尝试搭建一遍，以免实施中出现错误的配置。本次任务进行 DHCP 服务器的架设。		
学习产品	能架设 DHCP 服务器		
学习要求	一、预习任务 1. DHCP 结构。 2. DHCP 的作用。 3. DHCP 的优缺点。 4. DHCP 的工作原理。 5. 架设 DHCP 服务器的步骤。 二、能架设 DHCP 服务器		

知识准备

DHCP 服务器

6.4.1 DHCP服务器

在TCP/IP的网络中，每一台计算机都必须有一个IP地址，而且这个IP地址必须是唯一的，不可和网络中其他计算机重复。因此，对于网络管理员而言，如果要更改TCP/IP的相关设置，必须到每台计算机上去修改。如果是上百台计算机的网络，要如何维护每台计算机的TCP/IP设置，绝对是个令人头疼的问题。目前通常采用DHCP服务来解决这个问题。

“DHCP”是动态主机分配协议（Dynamic Host Configuration Protocol）的缩写，该协议可以自动为局域网中的每一台计算机分配IP地址，具体包括IP地址、子网掩码、默认网关以及DNS服务器等，可以大大降低企业网络管理员的维护工作量。

同DNS服务一样，DHCP服务也是基于客户机/服务器式的。在网络中提供DHCP服务的计算机称为DHCP服务器，其他等待分配IP地址的计算机称为DHCP客户端。DHCP服务器利用DHCP协议，为网络中的客户端分配动态IP地址，这些被分配的IP地址都在DHCP服务器预先设置的一个或多个地址集中，并且它们一般是一段连续的地址空间。

当DHCP客户机启动时会自动发出一个广播信息，向DHCP服务器请求分配一个动态的IP地址，DHCP服务器会根据目前已经配置的地址集，提供一个可供使用的IP地址给客户端，这样DHCP客户机就可获得一个有效的IP地址。另外，DHCP服务器还可以为特定的计算机或其他设备保留IP地址。

6.4.2　DHCP的作用

从逻辑上来看，DHCP结构由3部分组成，分别是DHCP客户端、DHCP服务器及领域。

（1）DHCP客户端

要求使用DHCP服务的计算机，称为DHCP客户端。

（2）DHCP服务器

提供DHCP服务，给予DHCP客户端分配IP地址的设备就是DHCP服务器。

（3）领域

每台DHCP服务器至少管理一组IP地址，这组IP地址便称为领域。

当DHCP客户端开机时，会通过广播方式向DHCP服务器请求指派IP地址，这时服务器就会返回一个尚未被使用的IP地址，同时也可以将其他相关参数，如子网掩码、默认网关、域名服务器（DNS）地址和Windows Internet命名服务器（WINS）地址等一起传送给客户端，如图6-4-1所示。

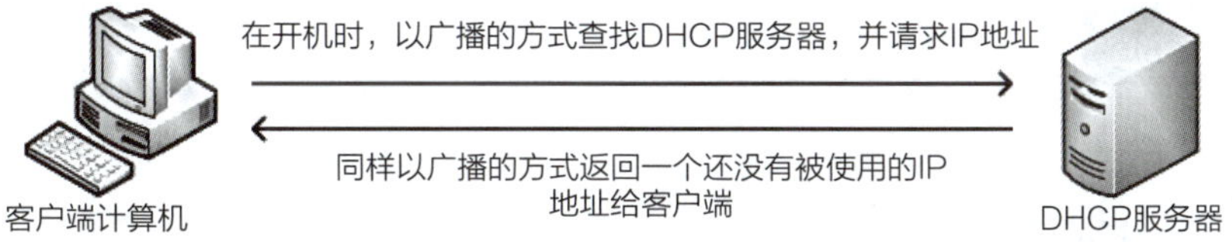

图 6-4-1　DHCP 客户端向服务器请求 IP 地址的过程

6.4.3　DHCP的优缺点

（1）优点

①不易出错。

②易于维护。

③客户端不需要烦琐地设置。

④IP地址可重复使用。

（2）缺点

①DHCP不能发现网络上非DHCP客户机已经在使用的IP地址。

②当网络上存在多个DHCP服务器时，一个DHCP服务器不能查出已被其他服务器租出去的IP地址。

③DHCP服务器一般不能跨路由器与客户机通信。

6.4.4 DHCP的工作原理

（1）发现阶段

即DHCP客户机寻找DHCP服务器的阶段。

（2）提供阶段

即DHCP服务器提供IP地址的阶段。

（3）选择阶段

即DHCP客户机选择某台DHCP服务器提供的IP地址的阶段。

（4）确认阶段

即DHCP服务器确认所提供的IP地址的阶段。

（5）重新登录

以后DHCP客户机每次重新登录网络时，就不需要再发送DHCP发现信息了，而是直接发送包含前一次所分配的IP地址的DHCP 请求信息。

（6）更新租约

DHCP服务器向DHCP客户机出租的IP地址一般都有一个租借期限，期满后DHCP服务器便会发送收回出租的IP地址。如果DHCP客户机要延长其IP租约，则必须更新其IP租约。

任务实施

任务6.4 DHCP服务器架设

任务描述

在VMware Workstation软件下创建的Windows Server 2022虚拟机中安装DHCP服务器角色，配置DHCP服务器分配的地址范围、网段默认网关、DNS服务器地址等信息。在客户机TCP/IPv4属性设置中，设置“自动获得IP地址”“自动获得DNS服务器地址”，并在“命令提示符”界面通过命令IPconfig /all查看获取结果。

任务准备

根据学生实践环境，预先准备好计算机（装有Windows 7/10操作系统、VMware Workstation软件、Windows Server 2022 虚拟机），将服务器的IP地址设置为“静态IP地址”（本书以192.168.2.100为例）。

任务指导

1 安装 DHCP 服务

①单击“开始”→“服务器管理器”命令，单击“2添加角色和功能”，打开“添加角色和功能向导”。依次在“开始之前”“安装类型”“服务器选择”步骤保持默认选项，单击“下一步”。

②在“服务器角色”步骤，勾选“DHCP服务器”，弹出“添加角色和功能向导”对话框，如图6-4-2所示，单击“添加功能”；在“服务器角色”步骤界面勾选“DHCP服务器”，单击“下一步”。

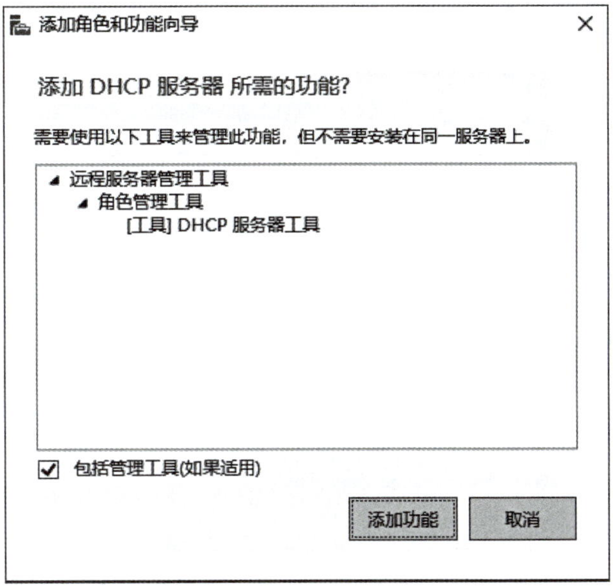

图 6-4-2　“添加角色和功能向导”对话框

③在“功能”步骤选默认选项，选好后单击“下一步”。在“DHCP服务器”步骤直接单击“下一步”。

④在“确认”步骤勾选“如果需要，自动重新启动目标服务器”，然后选择弹出对话框中的“是”，最后单击“安装”，如图6-4-3所示。

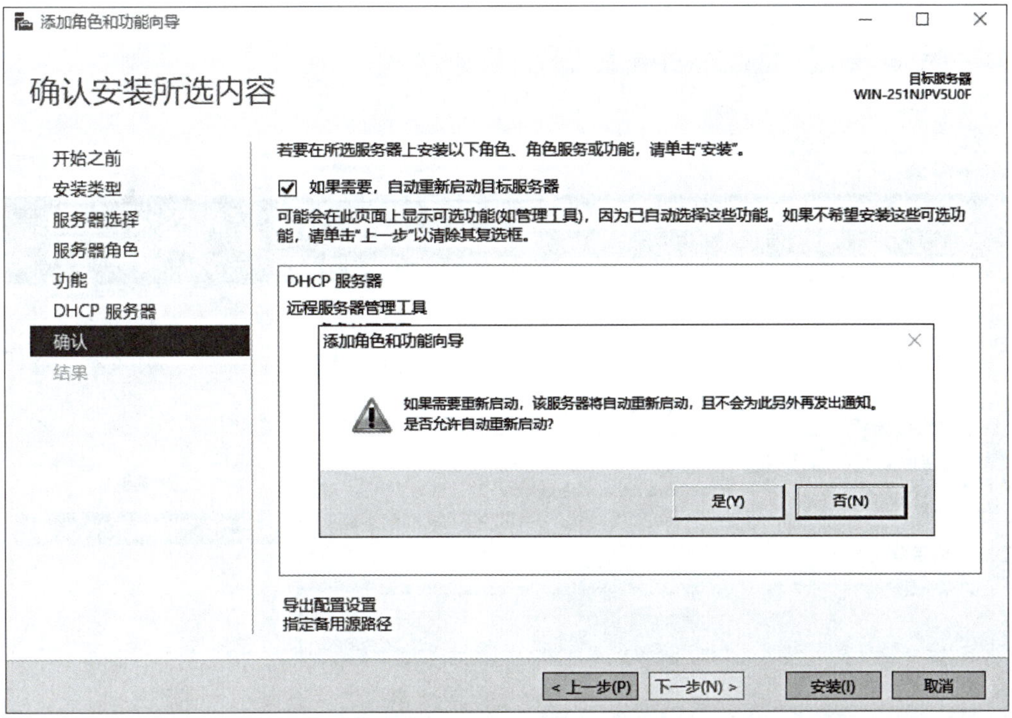

图 6-4-3　确认安装所选内容

⑤在“结果”步骤，等待“功能安装”完成后，单击“关闭”，完成设置，如图6-4-4所示。

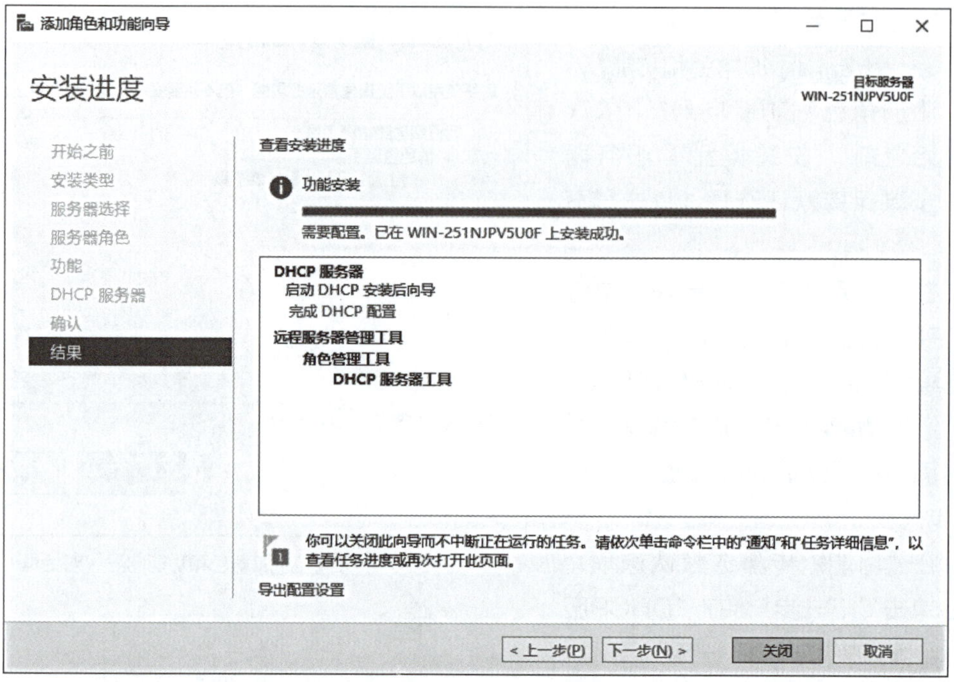

图 6-4-4 “结果”界面

2 配置 DHCP 服务

①安装完所需的角色和功能后，在服务器管理器界面依次单击如图6-4-5所标示1、2、3框圈起的选项，单击“完成DHCP配置”。

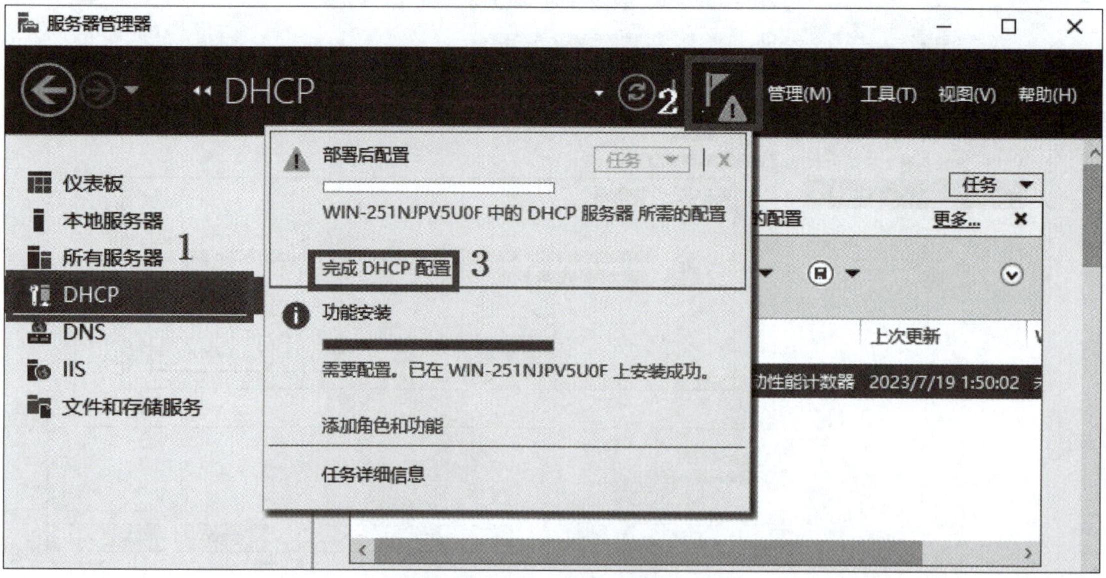

图 6-4-5 部署后配置

②上一步单击“完成DHCP配置”之后，会弹出如图6-4-6所示的提示框，直接单击“提交”，“提交”单击后，会创建“安全组”，安全组创建完成之后，单击“关闭”即可。

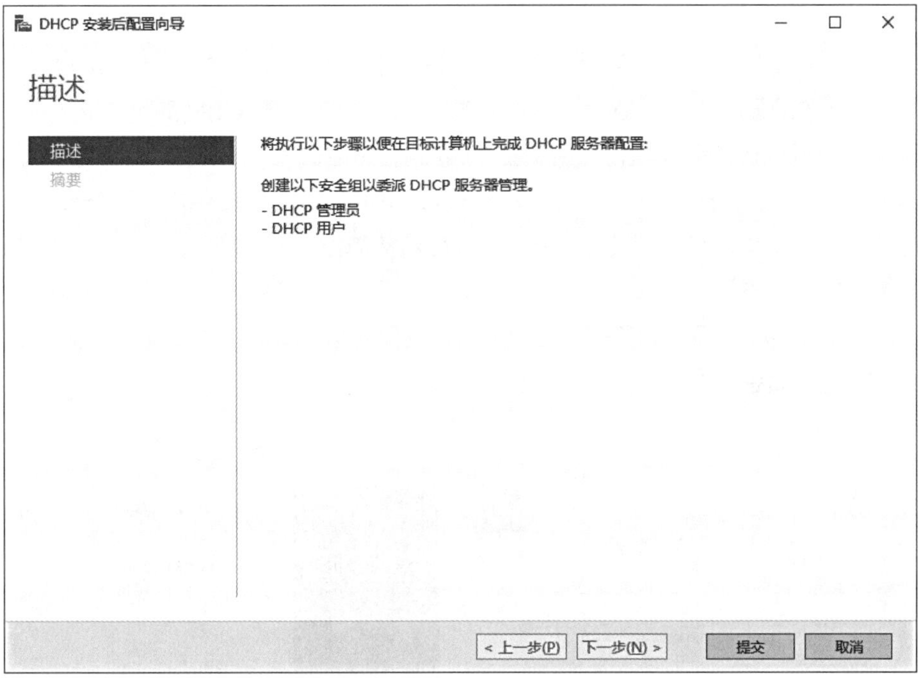

图 6-4-6　描述

③单击菜单“工具”，下拉菜单中单击“DHCP”，打开DHCP配置台后，选“IPv4”，右键单击“新建作用域”，单击“新建作用域”。如图6-4-7所示，在弹出界面直接单击“下一步”。

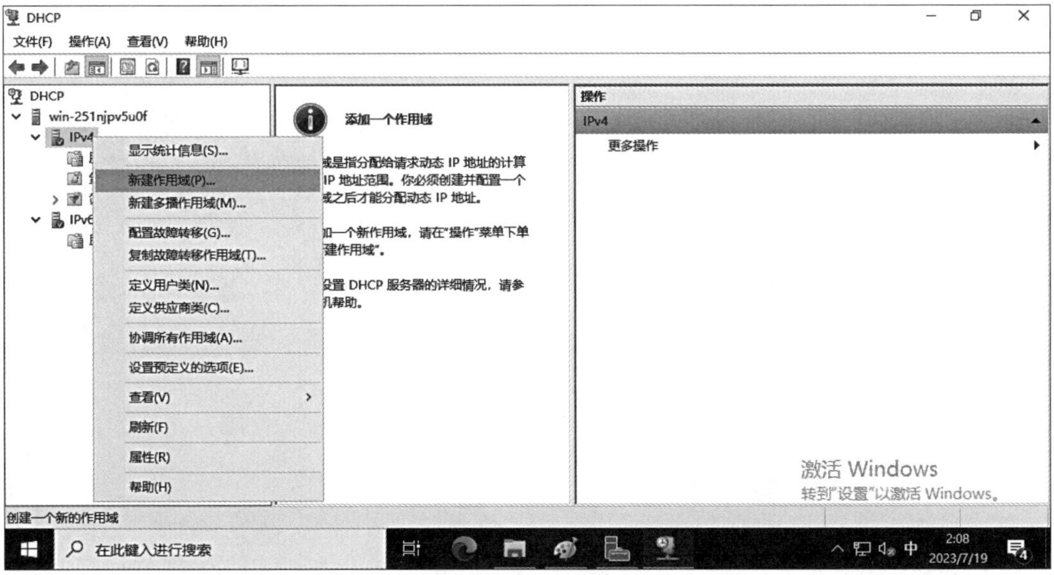

图 6-4-7　“新建作用域”命令

④定义DHCP地址池的名称。这里根据实际情况填写，如“开发”，描述对话框填入“开发部门的DHCP池”等，根据实际情况填写，完成后单击“下一步”。

⑤依次设置DHCP地址池的名称如“开发”，描述对话框填入“开发部门的DHCP池”；作用域的地址范围如192.168.2.10～192.168.2.99；排除的IP地址范围如192.168.2.91～192.168.2.99；设置IP地址的租约期限如1天；确认配置的DHCP选项；设置DHCP地址池的“网关”（以上参数设置成与Windows Server 2022系统的相关参数相同即可）。

⑥输入DNS服务器的IP地址，然后单击“添加”，最后单击“下一步”，如图6-4-8所示。

⑦添加“WINS服务器的IP地址”，没有可以先不填，然后直接单击“下一步”。

⑧选择“是，我想现在激活此作用域”，然后直接单击“下一步”。

⑨直接单击“完成”。

⑩在服务器上查看一下DHCP的相关情况，这里可以看到DHCP地址池的相关信息以及正在使用中的地址信息，如图6-4-10所示。

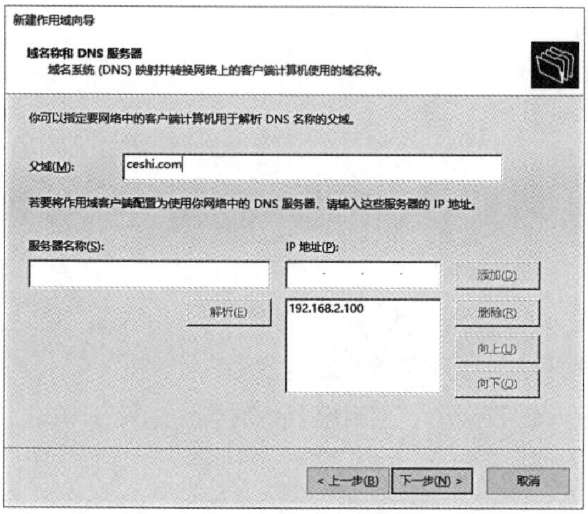

图 6-4-8 域名称和 DNS 服务器

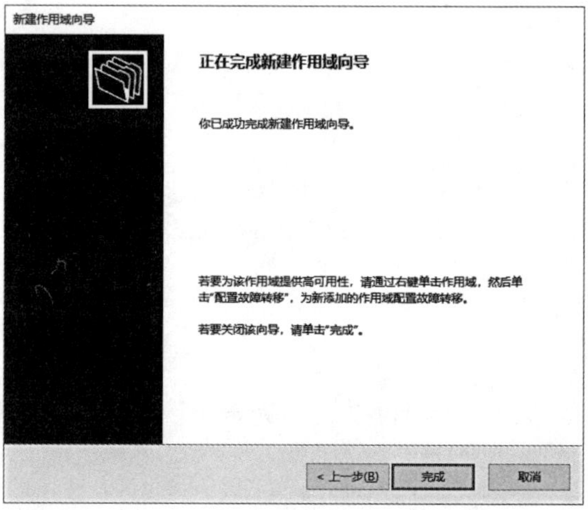

图 6-4-9 完成新建作用域向导

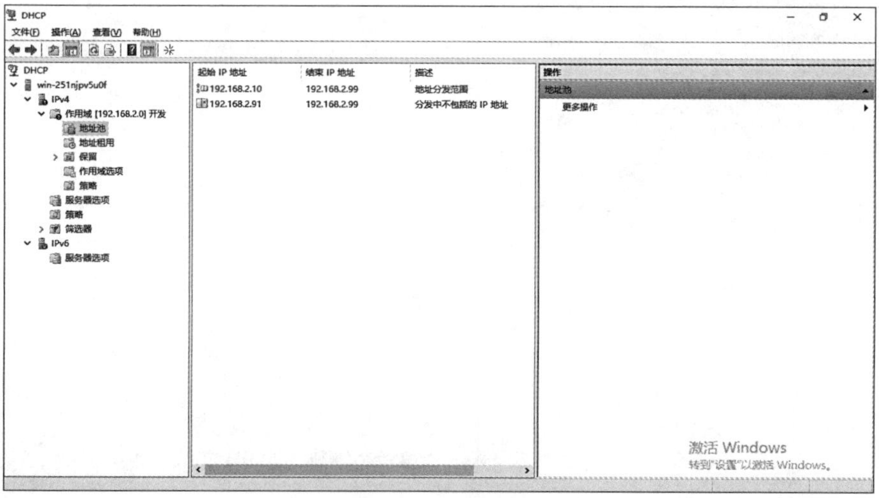

图 6-4-10 DHCP 地址池的信息

任务总结

要求撰写实训总结时，把完成任务过程中遇到的问题与解决方法、未解决或需要进一步探讨的问题，以及任务实践过程中的收获和经验教训的内容写入实验报告并提交。

拓展阅读

国产软件高速发展

根据中国工业和信息化部的数据，2021年，中国软件业务收入达到了94994亿元，同比增长17.7%。其中，信息技术服务收入为60312亿元，同比增长20.0%；软件产品收入为24433亿元，同比增长12.3%。同时，我国软件产业在规模和增速方面也呈现出持续增长的态势。

在国际知名机构发布的软件企业排名中，中国的华为、阿里巴巴、腾讯等企业进入了全球软件企业排名前十。这些企业在软件开发、云计算、人工智能等领域的技术实力得到了广泛认可。根据世界知识产权组织的数据，中国在软件领域的专利申请量已经连续多年位居全球第一。中国在人工智能、区块链等领域的技术创新和专利申请量也在不断增加。

我国软件产业在软件开发能力方面也得到了显著提升。随着软件开发技术的不断发展和创新，我国软件企业在软件开发效率、质量和可靠性方面取得了重要进展。例如，华为公司推出了自主研发的鸿蒙操作系统，用于智能终端设备。腾讯云推出了自主研发的分布式数据库TDSQL，应用于金融、政府、企业等领域的多个场景。华为、海尔等企业推出了自主研发的物联网平台和相关软件产品，应用于智能家居、智能制造等多个领域。

中国在系统软件方面取得了显著的成就，包括操作系统、数据库管理系统、云计算软件、人工智能软件和物联网软件等方面。这些成就为中国软件产业的持续发展和国际竞争力提升提供了重要的支撑和推动作用。

项目习题

简答题

1. 简述网络操作系统的概念。
2. Windows 操作系统有哪些版本?
3. Windows Server 2022 有哪些版本?
4. Windows Server 核心基础架构包括哪些服务技术?
5. 如何找到 Windows 服务器管理器?
6. Windows 服务器角色有哪些? 试写出几个常见的服务器角色。
7. 简述浏览器获取 Web 服务器文档的过程。
8. 简述 URL 格式。
9. 如何区分动静态网页?
10. 简述架设 Web 服务器步骤。
11. 什么是 DNS ?
12. 简述正向名称查询、反向名称查询。
13. 整个 DNS 结构设计成哪几层?
14. 简述 DNS 服务器查询的工作原理，其可以分为哪两种查询模式?
15. DHCP 结构由哪几部分组成?
16. 简述 DHCP 的作用。
17. 简述 DHCP 的优缺点。
18. 简述 DHCP 的工作原理。

参考文献

[1] 谢希仁. 计算机网络 [M]. 8版. 北京：电子工业出版社，2021.

[2] 阚宝朋. 计算机网络技术基础 [M]. 2版. 北京：高等教育出版社，2019.

[3] 杨云，吴敏，邱清辉. 计算机网络技术与实训 [M]. 5版. 北京：中国铁道出版社，2022.

[4] 李志球. 计算机网络技术基础 [M]. 5版. 北京：电子工业出版社，2020.

[5] 盛立军. 计算机网络技术基础 [M]. 上海：上海交通大学出版社，2022.

[6] 吴功宜，吴英. 计算机网络 [M]. 4版. 北京：清华大学出版社，2017.

[7] 王磊. 网络综合布线实训教程 [M]. 北京：中国铁道出版社，2012.

[8] 王公儒. 综合布线工程实用技术 [M]. 2版. 北京：中国铁道出版社，2012.

[9] 沈鑫剡，俞海英，许继恒，李兴德，邵发. 明路由和交换技术实验及实训——基于华为eNSP [M]. 2版. 北京：清华大学出版社，2020.

[10] 李芳，熊婷，童正江. 计算机网络基础 [M]. 上海：上海交通大学出版社，2019.

[11] 王协瑞. 计算机网络技术 [M]. 4版. 北京：高等教育出版社，2018.

[12] 董明，罗少甫. 计算机网络技术基础与实训 [M]. 2版. 北京：北京邮电大学出版社，2018.

[13] 肖盛文. 计算机网络基础 [M]. 北京：航空工业出版社，2017.

[14] 李畅，吴洪贵，裴勇. 计算机网络技术实用教程 [M]. 4版. 北京：高等教育出版社，2016.